AI大模型技术丛书

AI大模型应用开发实战

AI LARGE LANGUAGE MODELS
APPLICATION DEVELOPMENT PRACTICE

吕阳　杨佳贤　著

化学工业出版社
·北京·

内容简介

本书全面系统地介绍了AI大模型的开发、核心原理和实际应用。首先探讨了大模型的概念、类型和训练挑战，然后阐述了利用主流深度学习框架和云计算平台开发大模型的技术路径。随后，重点介绍了大模型在自然语言处理、计算机视觉、语音处理、推荐系统、自动驾驶、医疗健康、金融科技、智慧城市、工业制造等领域的典型应用，并辅以智能客服、智能安防等领域的案例分析。最后，还探讨了大模型的项目管理和落地实施，帮助读者掌握从理论到实践的完整流程。

本书面向AI初学者、开发工程师以及专注于AI产业化落地的项目管理者与技术决策者，提供从基础理论到实践应用的全方位知识，既适合新手系统入门，也适合从业者深化技术能力与项目管理经验。

图书在版编目（CIP）数据

AI大模型应用开发实战 / 吕阳，杨佳贤著. -- 北京 ：化学工业出版社，2026. 1. --（AI大模型技术丛书）.
ISBN 978-7-122-49333-0

Ⅰ. TP18

中国国家版本馆CIP数据核字第2025JG6402号

责任编辑：李佳伶　　装帧设计：王晓宇
责任校对：宋　玮

出版发行：化学工业出版社
（北京市东城区青年湖南街13号　邮政编码100011）
印　　装：河北延风印务有限公司
710mm×1000mm　1/16　印张9¼　字数159千字
2026年1月北京第1版第1次印刷

购书咨询：010-64518888　　售后服务：010-64518899
网　　址：http：//www.cip.com.cn
凡购买本书，如有缺损质量问题，本社销售中心负责调换。

定　　价：68.00元

PREFACE 前言

人工智能正经历着前所未有的快速演进，“大模型”无疑是这股浪潮的核心驱动力。回顾人工智能的发展历史，从早期基于规则的专家系统，到机器学习和深度学习的突破，再到如今 GPT、BERT、T5、YOLO 等大规模预训练模型，人工智能的能力边界不断被突破。算力的提升、海量数据的积累以及算法的创新，为大模型的出现和广泛应用奠定了坚实的基础。它们不仅在单项任务上表现出色，更具备跨任务、跨领域的迁移和泛化能力，标志着人工智能正从“狭义智能”迈向“广义智能”的新阶段。

近年来，大模型在自然语言处理、计算机视觉、语音处理、推荐系统等核心领域取得了突破性进展。我们已经看到 GPT 在文本生成和对话交互方面取得了接近人类的表现，BERT 及其变体在理解任务中展现出卓越的能力，YOLO 和 ResNet 将图像识别和物体检测推向了实际应用，而像 WaveNet 这样的语音合成模型则使人机交互更加自然流畅。这些技术的成功应用使得智能客服、智能搜索、自动驾驶、智慧医疗等日益成为现实，推动着产业升级和社会变革。

然而，机遇与挑战并存，大型模型的开发和训练往往需要大量的计算资源和数据支持，这不仅给研究机构和企业带来了较高的门槛，也带来了能耗和成本的双重压力。此外，大型模型的“黑箱”特性引发了关于可解释性和安全性的争议，尤其是在金融、医疗等高风险领域。如何在确保准确性的同时增强透明度已成为当务之急。此外，大型模型的广泛使用也带来了数据隐私保护、公平偏差、知识产权纠纷等伦理与合规挑战，需要学术界、产业界和监管机构的共同努力。

本书旨在为读者提供全面的大型模型知识框架和实践指南，从基础概念及其发展历程入手，逐步深入讲解模型架构、训练技巧和优化策略，系统地介绍主流开发工具和平台，帮助读者了解如何在实践中高效构建和部署大型模型。在应用层面，本书涵盖了自然语言处理、计算机视觉、语音处理、推荐系统、自动驾驶、医疗保健、金融科技、智慧城市和工业制造等前沿领域的案例，并通过具体的项目实践，展现大型模型的实现方法和路径，力求为读者提供理论指导和实践经验。

本书也强调了跨学科视角和项目管理的重要性，大型模型开发通常不仅仅是一项技术工作，还涉及团队协作、资源调度、项目规划和风险控制。为此，本书后续章节专门探讨了大型模型项目的管理和实践经验，帮助读者了解如何在复杂的业务环境中高效地实施人工智能项目。

本书面向广泛的读者群体：对于 AI 初学者，本书提供通俗易懂的概念讲解和清晰的学习路径，帮助其快速入门；对于 AI 工程师和开发者，本书提供详尽的技术方法和代码示例，可作为开发和优化过程中的实用手册；对于业务经理和产品经理，本书展示如何将大型模型转化为实际的商业价值，帮助他们在战略层面抓住 AI 带来的新机遇。

人工智能正在深刻变革我们的生产生活方式，而大模型是这场变革的核心引擎。从教育到医疗，从金融到制造，从城市治理到文化创意，几乎每个领域都在探索大模型的应用。可以预见，在未来的智能社会中，大模型将与云计算、物联网、区块链等新兴技术深度融合，催生新的产业形态和商业模式。

希望本书不仅能成为一本学习资源，更能成为一扇思考的窗户。通过阅读本书，读者不仅能够掌握人工智能大模型的核心知识和实践方法，更能深刻理解其在推动社会进步和产业创新方面的价值和意义。未来属于善于学习和创新的人，希望本书能够成为读者开启智能时代的钥匙。

著者

2025 年 9 月

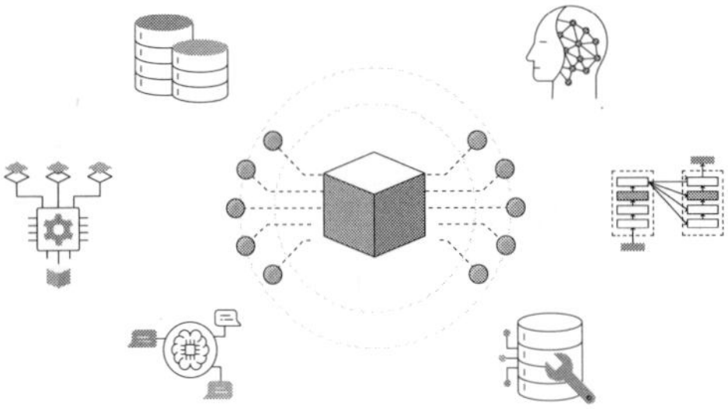

目录
CONTENTS

1. 概述与基础 ······ 001

1.1 引言 ······ 001

1.1.1 AI 大模型的兴起与发展 ······ 001

1.1.2 AI 大模型的基本概念 ······ 002

1.2 本书的结构与目标读者 ······ 003

1.3 大模型基础 ······ 003

1.3.1 大模型的类型与架构 ······ 003

1.3.2 深度学习与大模型 ······ 005

1.3.3 大模型训练的技术挑战 ······ 006

1.4 大模型的开发工具与平台 ······ 007

1.4.1 常用开发框架与工具 ······ 007

1.4.2 云计算平台 ······ 009

1.4.3 开源工具与社区资源 ······ 010

2. 自然语言处理 ······ 012

2.1 自然语言处理概述 ······ 012

2.1.1 NLP 的基本概念与任务 ······ 012

2.1.2 语言模型的发展与演进 ······ 013

2.2 文本生成与理解 ······ 015

2.2.1 文本生成模型 …… 015
2.2.2 语义分析与理解 …… 017
2.3 案例分析：智能客服系统 …… 018
2.3.1 项目背景与需求分析 …… 018
2.3.2 技术选型与架构设计 …… 019
2.3.3 实现步骤与代码示例 …… 020
2.3.4 部署与优化 …… 023

3. 计算机视觉 …… 024

3.1 计算机视觉概述 …… 024
3.1.1 CV 的基本任务与应用场景 …… 024
3.1.2 图像识别与处理技术 …… 026
3.2 目标检测与图像生成 …… 027
3.2.1 目标检测算法 …… 027
3.2.2 图像生成与增强 …… 029
3.3 案例分析：智能安防系统 …… 030
3.3.1 项目背景与需求分析 …… 031
3.3.2 技术选型与架构设计 …… 031
3.3.3 实现步骤与代码示例 …… 031
3.3.4 部署与优化 …… 034

4. 语音处理 …… 036

4.1 语音处理概述 …… 036
4.1.1 语音识别与合成 …… 036
4.1.2 语音处理的技术挑战 …… 038
4.2 自动语音识别与文本到语音技术 …… 040
4.2.1 ASR …… 040
4.2.2 TTS …… 041
4.3 案例分析：智能家居语音助手 …… 042
4.3.1 项目背景与需求分析 …… 042

4.3.2 技术选型与架构设计……043
4.3.3 实现步骤与代码示例……043
4.3.4 部署与优化……046

5. 推荐系统……047

5.1 推荐系统概述……047
5.1.1 推荐系统的基本概念……047
5.1.2 常见的推荐算法……048
5.2 个性化推荐技术……050
5.2.1 协同过滤……050
5.2.2 基于内容的推荐……051
5.2.3 混合推荐系统……051
5.3 案例分析：电商推荐系统……052
5.3.1 项目背景与需求分析……053
5.3.2 技术选型与架构设计……053
5.3.3 实现步骤与代码示例……054
5.3.4 部署与优化……057

6. 自动驾驶……058

6.1 自动驾驶概述……058
6.1.1 自动驾驶技术的发展历程……058
6.1.2 自动驾驶的核心技术……060
6.2 环境感知与决策控制……061
6.2.1 传感器融合技术……062
6.2.2 路径规划与决策控制……062
6.3 案例分析：自动驾驶系统……064
6.3.1 项目背景与需求分析……064
6.3.2 技术选型与架构设计……065
6.3.3 实现步骤与代码示例……066
6.3.4 部署与优化……069

7. 医疗健康 070

7.1 医疗健康 AI 概述 070
7.1.1 AI 在医疗健康中的应用 070
7.1.2 医疗 AI 的技术挑战 071
7.2 医疗影像分析与诊断 072
7.2.1 医疗影像处理技术 073
7.2.2 计算机辅助诊断 074
7.3 案例分析：智能诊断系统 075
7.3.1 项目背景与需求分析 076
7.3.2 技术选型与架构设计 076
7.3.3 实现步骤与代码示例 077
7.3.4 部署与优化 080

8. 金融科技 082

8.1 金融科技概述 082
8.1.1 金融科技的发展与应用 082
8.1.2 AI 在金融领域的应用场景 084
8.2 金融数据分析与风险管理 085
8.2.1 金融数据处理技术 086
8.2.2 风险预测与管理 088
8.3 案例分析：智能投资顾问 090
8.3.1 项目背景与需求分析 090
8.3.2 技术选型与架构设计 091
8.3.3 实现步骤与代码示例 092
8.3.4 部署与优化 096

9. 智慧城市 098

9.1 智慧城市概述 098
9.1.1 智慧城市的概念与发展 098

9.1.2 AI 在智慧城市中的应用 …… 099
9.2 智能交通与公共安全 …… 101
9.2.1 智能交通管理 …… 101
9.2.2 公共安全监控 …… 103
9.3 案例分析：智慧城市管理平台 …… 104
9.3.1 项目背景与需求分析 …… 105
9.3.2 技术选型与架构设计 …… 105
9.3.3 实现步骤与代码示例 …… 106
9.3.4 部署与优化 …… 109

10. 工业制造 …… 110

10.1 工业制造 AI 概述 …… 110
10.1.1 工业 4.0 与 AI 技术 …… 110
10.1.2 AI 在制造业中的应用 …… 111
10.2 智能制造与质量控制 …… 112
10.2.1 生产过程优化 …… 113
10.2.2 智能质量检测 …… 114
10.3 案例分析：智能制造系统 …… 115
10.3.1 项目背景与需求分析 …… 115
10.3.2 技术选型与架构设计 …… 116
10.3.3 实现步骤与代码示例 …… 116
10.3.4 部署与优化 …… 120

11. 项目管理与开发实践 …… 122

11.1 项目管理策略 …… 122
11.1.1 项目规划与需求分析 …… 122
11.1.2 敏捷开发与持续集成 …… 123
11.2 团队协作方法 …… 125
11.2.1 团队组织与角色分配 …… 125
11.2.2 跨职能团队协作 …… 127

11.3 开发工具选择 …… 129
11.3.1 开发环境与工具链 …… 129
11.3.2 持续集成与持续部署工具 …… 131

结论 …… 133

1. AI 大模型的未来发展趋势 …… 133
2. 应用与技术的持续创新 …… 134
3. 最佳实践与持续学习 …… 135

附录：工具与术语解释 …… 137

1. 概述与基础

1.1 引言

1.1.1 AI 大模型的兴起与发展

人工智能（AI）大模型的兴起与快速发展标志着 AI 技术进入了一个全新的阶段，从早期的规则驱动系统到如今的深度学习，AI 模型的复杂度和规模都有了显著的提升，如图 1-1 所示。近年来，得益于计算能力的提升、大数据的广泛应用以及优化算法的进步，AI 大模型在各个领域展现了其强大的潜力与应用前景。

图 1-1　AI 技术发展历程

AI大模型（如GPT系列、BERT等）能够处理海量的数据，通过自动学习来生成高质量的输出。这种突破使得AI不仅能执行单一任务，还能处理复杂的、多领域的任务，从而推动了多个行业的技术革新，特别是在自然语言处理（NLP）、计算机视觉（CV）、语音处理、推荐系统、自动驾驶等领域，AI大模型已经成为创新的核心驱动力。

随着大模型在工业界和学术界的广泛应用，越来越多的企业和研究机构开始投入资源来开发和优化这些模型，如表1-1所示。与此同时，基于大模型的AI技术应用也逐渐渗透到日常生活中，如智能客服、推荐系统、语音助手、自动驾驶、金融风险管理等，AI大模型正推动着从传统人工智能向通用人工智能（AGI）发展的转型。

表1-1　模型类型与应用场景

模型	类型	应用场景
GPT	生成式	文本生成、聊天机器人
BERT	编码器	文本理解、情感分析
T5	多任务学习	文本生成与理解、多任务自然语言处理
YOLO	目标检测	实时图像和视频中的目标检测
ResNet	卷积神经网络	图像分类、特征提取

1.1.2　AI大模型的基本概念

AI大模型是指由大量参数构成的深度学习模型，这些模型通常需要通过海量数据进行训练，并具备强大的数据处理和模式识别能力。大模型的一个显著特点是其在不同任务间的迁移学习能力，例如同一个模型可以通过微调应用于语言生成、图像识别、语音处理等多种任务。大模型常依赖于以下技术：

① 神经网络架构：以深度神经网络（DNN）为基础，大模型通过大量层级的非线性变换来捕捉数据中的复杂模式。

② 海量数据训练：大模型的性能往往依赖于训练数据的数量和质量，数据越多，模型的泛化能力和预测精度就越高。

③ 分布式计算：由于模型参数和训练数据规模庞大，大模型的训练和推理通常需要分布式计算资源和并行化算法的支持。

1.2 本书的结构与目标读者

本书的目的是为读者提供 AI 大模型开发与应用的全面指南，涵盖了从理论到实践的完整过程。无论是对大模型技术的基础概念感兴趣的初学者，还是希望掌握实际开发能力的 AI 工程师，本书都能提供有价值的参考。

结构安排：

第 1 章将介绍 AI 大模型的基础知识，包括模型类型、训练技术挑战以及常用开发工具与平台；

第 2 ～ 10 章将详细探讨 AI 大模型在自然语言处理、计算机视觉、语音处理、推荐系统、自动驾驶、医疗健康、金融科技、智慧城市和工业制造等各个领域的应用；

第 11 章聚焦于项目管理与开发实践，为读者展示如何高效管理 AI 大模型项目；

附录部分则提供了相关工具与术语的进一步解释，帮助读者深入理解大模型的技术细节。

本书的目标读者：

AI 初学者，希望了解大模型概念及其应用场景的人士；

AI 工程师与开发者，正在从事或计划参与大模型开发与部署的技术人员；

产品经理与项目管理者，关注 AI 大模型如何在实际项目中落地并提升业务价值的从业者。

通过阅读本书，读者将系统掌握 AI 大模型的理论与实践，并获得实际开发、部署与优化的技能。

1.3 大模型基础

1.3.1 大模型的类型与架构

大模型的类型与架构是其核心基础，决定了它在处理不同任务中的表现，如

图 1-2 所示。首先，大模型可以按照应用领域和任务类型进行分类。生成式预训练模型（如 GPT 系列）专注于文本生成，利用大规模的无监督预训练，能够自动生成高质量的自然语言内容，这类模型的架构基于 Transformer，通过自注意力机制处理文本的上下文关系，实现语义一致且连贯的文本输出。与生成式模型相对的是编码器类模型（如 BERT），主要用于文本理解任务，这类模型通过双向自注意力机制捕捉上下文信息，更适合解决问答、分类等理解性任务。

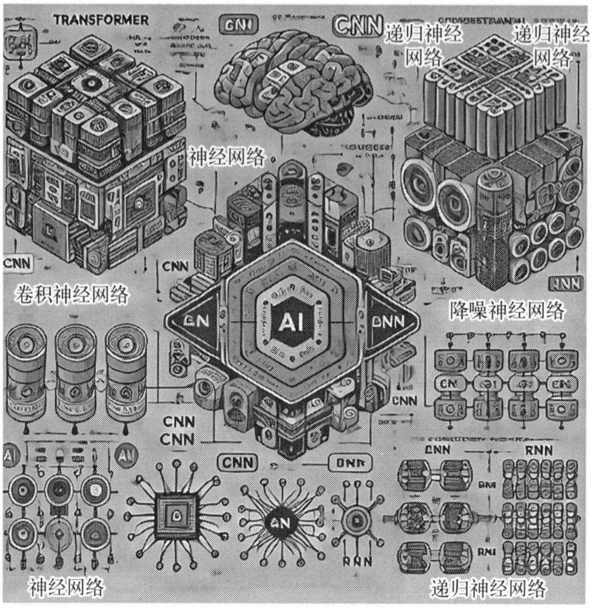

图 1-2 AI 架构与技术

除此之外，还有多任务学习模型（如 T5），它通过统一的架构同时处理多个任务，将不同类型的自然语言处理任务统一转化为一个框架中，这类模型的优点在于它们能够共享参数，从而提升模型的效率和泛化能力。此外，基于卷积神经网络的模型也在图像处理等领域得到了广泛应用，卷积神经网络的优势在于其通过局部感知和共享权重机制，有效捕捉图像中的空间特征，从而提升图像分类、目标检测等任务的性能。

大模型的架构通常基于深度神经网络，特别是 Transformer 架构已成为自然语言处理领域的主流。Transformer 以其强大的并行处理能力和长距离依赖捕捉能力，克服了传统序列模型的局限性，能够在海量数据上高效训练，处理长序列的文本输入，因此，Transformer 及其变种在大模型的发展中扮演了至关重要的角色。

1.3.2 深度学习与大模型

深度学习作为大模型的基础技术，是通过多层神经网络结构实现对复杂模式的提取和学习。不同于传统的机器学习方法，深度学习的优势在于其能够自动提取数据中的高级特征，减少了对人工特征工程的依赖，深度学习的核心技术包括卷积神经网络（CNN）、循环神经网络（RNN）以及 Transformer 等模型架构，这些架构根据任务的不同各自展现出不同的优势，CNN 在图像识别领域有着广泛的应用，RNN 和 LSTM 则擅长处理时间序列数据，而 Transformer 则在自然语言处理任务中取得了突破性的进展，如图 1-3 所示。

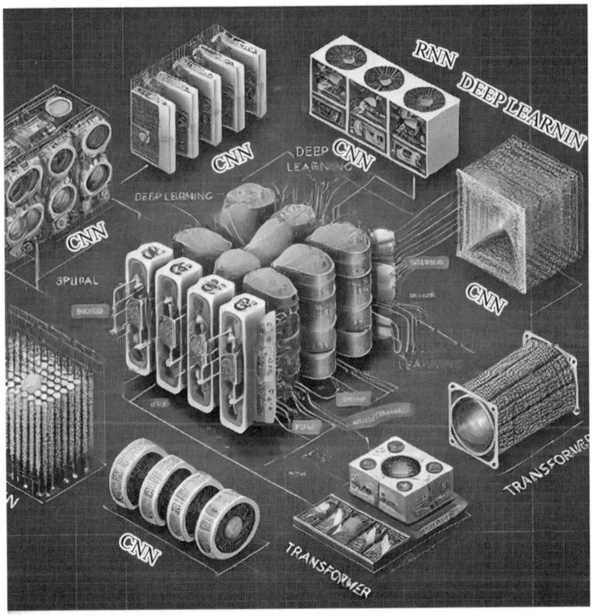

图 1-3　深度学习架构

深度学习的成功很大程度上依赖于其大规模数据的学习能力。通过层层堆叠的神经网络，深度学习能够在大数据集中捕捉到不同层次的特征，这使得深度学习模型在语音识别、图像处理、自然语言处理等领域取得了显著成果。然而，深度学习也对计算资源提出了更高的要求，大模型通常包含数十亿甚至上千亿的参数，训练这些模型不仅需要海量的计算资源，还需要大量的标注数据，在此过程中，深度学习通过并行计算、GPU 加速等技术手段来提高训练效率，但这也导致了能耗问题，一些挑战与解决方案如表 1-2 所示。

表 1-2 深度学习模型挑战与解决方案

挑战	描述	解决方案
计算资源	对 GPU/TPU 的高需求，需要分布式计算	使用云端 GPU/TPU、并行计算框架
过拟合	难以泛化到新数据，模型可能会过度优化训练数据	正则化技术、数据增强、模型蒸馏
梯度问题	梯度消失或爆炸会导致训练过程不稳定	使用归一化层、改进的优化器（如 Adam、RMSProp）
可解释性	模型的黑盒特性使得决策过程难以解释	使用可解释性工具（如 LIME、SHAP）
可扩展性	处理大规模数据集和大规模部署的难度	分布式训练、可扩展的数据管道

此外，深度学习的快速发展催生了多种训练技术与优化策略。例如，通过使用自注意力机制，Transformer 在自然语言处理领域实现了优异的性能，而 GAN（生成对抗网络）则通过对抗训练机制，在图像生成等领域取得了突破。深度学习模型的复杂性和大规模性要求在训练过程中使用更加精细的参数调优策略，如学习率调整、正则化、以及模型剪枝等技术，以提高训练的稳定性和模型的泛化能力。

1.3.3 大模型训练的技术挑战

大模型训练涉及许多复杂的技术挑战，这些挑战主要体现在计算资源、数据需求、训练稳定性以及模型部署等方面。随着大模型规模的增大，计算资源的需求也随之呈指数级增长。大规模模型通常需要使用分布式计算框架来进行训练，尤其是在涉及数百亿参数的模型时，传统单机训练已经无法满足需求，为了提高训练效率，业界广泛采用了数据并行和模型并行的方式，将训练任务分配到多个 GPU 或 TPU 集群上，但即便如此，大模型训练依然需要消耗大量的计算资源，特别是在处理海量数据时，这不仅增加了训练的时间成本，还对能源消耗提出了严峻挑战。

过拟合是大模型训练中的另一个主要难题。随着模型参数的增加，模型在训练数据上表现得越来越好，但却难以在未见过的新数据上保持同样的表现，为了解决过拟合问题，常用的方法包括使用正则化、数据增强、模型蒸馏等技术，这些方法通过引入噪声或简化模型结构，帮助模型提升在实际场景中的泛化能力。同时，早停法也被广泛使用，它通过监控验证集上的表现，防止模型过度训练。

梯度消失和梯度爆炸问题在深层神经网络中尤为突出，特别是当模型层数过多时，这些问题会导致训练过程中的梯度更新不稳定。为了解决这一问题，研究人员提出了如批归一化、层归一化等技术，通过标准化各层的输入分布，保证梯度在深层网络中的有效传播。此外，使用改进的优化算法（如 Adam、RMSProp）以及动态调整学习率等手段，也能在一定程度上缓解梯度相关的问题。

最后，模型的可解释性与可控性也构成了大模型训练中的技术挑战。大模型往往作为黑盒系统，难以直接解释其决策过程，然而，在实际应用中，特别是在医疗、金融等高风险领域，模型的可解释性是至关重要的。为此，诸如 LIME、SHAP 等模型解释工具应运而生，它们可以帮助研究人员和开发者了解模型的内部工作机制，从而增加大模型的透明度和可信度。此外，模型的可控性在训练阶段也十分重要，特别是在自动驾驶等关键应用场景中，如何确保模型做出可靠且可预测的决策，是开发者必须面对的技术难题。

1.4 大模型的开发工具与平台

大模型的开发离不开先进的开发工具与平台支持。近年来，随着深度学习的飞速发展，业界涌现出众多高效、易用的开发框架和平台，使得研究人员和开发者能够更便捷地构建、训练和部署大模型。除此之外，云计算平台也为大规模模型的训练和部署提供了强大的支持，而开源工具与社区资源则进一步推动了大模型技术的普及与创新。

1.4.1 常用开发框架与工具

开发大模型最关键的一步是选择合适的深度学习框架。当前，TensorFlow 和 PyTorch 是最为广泛使用的两大框架，它们在处理复杂模型和大规模数据时展现了卓越的性能，如图 1-4 所示。

1.4.1.1 TensorFlow

TensorFlow 是由 Google 开发并开源的深度学习框架，它支持高效的数值计算，尤其擅长处理大规模分布式计算任务。TensorFlow 的核心特点之一是其灵活的计算图机制，用户可以在静态图或动态图模式下构建复杂的模型，静态计算图使得 TensorFlow 在优化和部署时具有更高的效率，特别是在生产环境中可以进行更好的性能调优。TensorFlow 还拥有丰富的扩展库和工具集，如 TensorBoard 用于可视化训练过程，TensorFlow Serving 用于模型的高效部署，TensorFlow Lite 用于移动端和嵌入式设备的模型推理。

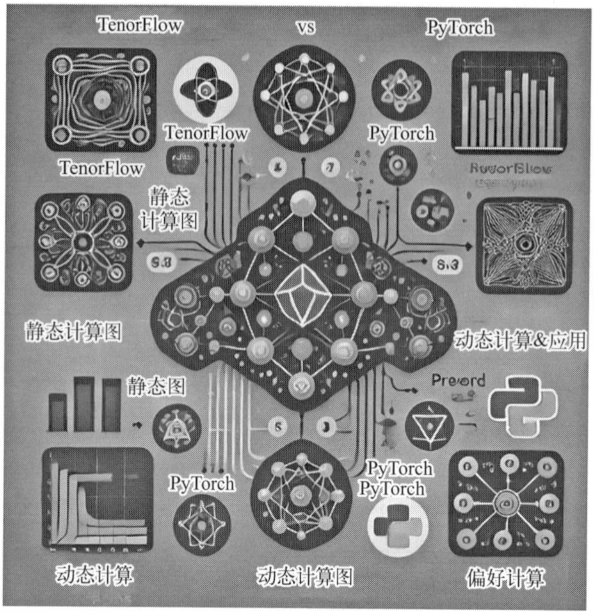

图 1-4　TensorFlow 和 PyTorch

此外，TensorFlow 还支持多种语言接口，虽然 Python 是其主要支持的语言，但它也提供了 Java、C++ 等接口，方便不同开发需求的用户进行开发和部署。TensorFlow 的分布式计算能力使其在处理大规模数据集和复杂任务时表现尤为突出，通过将训练任务分配到多个设备上，TensorFlow 能够大幅加速模型训练的速度，特别是在 GPU 或 TPU 集群上进行并行计算时，性能优势明显。

1.4.1.2　PyTorch

PyTorch 是由 Facebook（现更名为 Meta）开发的深度学习框架，以其动态计算图和灵活性赢得了大量开发者的青睐。与 TensorFlow 的静态图不同，PyTorch 采用即时运算模式，计算图在执行时动态生成，这种特性使得 PyTorch 非常适合研究人员进行快速实验和调试，用户可以直接查看并修改每一步的中间结果，提高了开发效率。

PyTorch 的另一个重要优势在于其与 Python 生态系统的紧密集成，使得开发者能够以更直观的方式编写代码。它的 API 设计简洁，且与 NumPy 类似，易于上手，PyTorch 还支持分布式计算，能够在多个 GPU 上并行训练模型。此外，PyTorch 的社区非常活跃，推出了丰富的库和工具，例如用于自然语言处理的 Transformers 库、用于计算机视觉的 TorchVision 等，这些工具极大地简化了特定领域的大模型开发。

近年来，PyTorch 在生产环境中的应用也在不断增加。Facebook 推出的 TorchServe 服务为开发者提供了高效的模型部署解决方案，使得 PyTorch 模型可以方便地在云端或本地进行推理和服务，由于其灵活性和逐渐完善的生态系统，PyTorch 已经成为许多研究和开发团队的首选框架。

1.4.2 云计算平台

大模型训练往往需要海量的计算资源，而云计算平台的兴起为解决这一难题提供了有效途径，通过云平台，开发者可以快速调配所需的计算资源，无需自行搭建和维护庞大的硬件基础设施。AWS、Google Cloud 和 Azure 是当前最为主流的三大云计算平台，它们都为大模型的开发、训练与部署提供了强大的支持，其主要特点和优势如表 1-3 所示。

表 1-3 主要云计算平台与特点对比

云计算平台	主要特点	优势
AWS	SageMaker、EC2 支持 GPU/TPU、S3 存储	服务种类丰富，可扩展性强，机器学习支持完备
Google Cloud	提供 TPU、BigQuery 数据分析、AutoML 工具	先进的 TPU，适合大规模 ML 训练，与 TensorFlow 无缝集成
Azure	Azure ML 工作室、认知服务、与微软产品深度集成	企业级集成，强大的安全协议，高效的部署工具

1.4.2.1 AWS

Amazon Web Services（AWS）是全球领先的云计算平台，拥有广泛的服务和工具来支持深度学习和大模型开发。AWS 提供的 EC2 实例可以根据需求动态调配 GPU 或 TPU 集群，显著加速大模型的训练过程，同时，AWS 的 SageMaker 是其专门为机器学习设计的平台，集成了模型开发、训练、调优、部署等一体化服务，SageMaker 不仅支持 TensorFlow、PyTorch 等主流框架，还提供自动化模型调优功能，帮助开发者节省时间和资源。

AWS 的另一个重要优势在于其强大的存储和数据处理能力。通过使用 S3 存储服务，开发者可以方便地管理大规模的数据集，并利用 AWS 的分布式数据处理工具如 Lambda 和 EMR 进行数据预处理，此外，AWS 还提供多种 AI 服务，如 Amazon Rekognition、Polly 等，方便开发者在现有应用中快速集成 AI 功能。

1.4.2.2 Google Cloud

Google Cloud（谷歌的数据中心）作为 TensorFlow 的诞生地，拥有深厚的 AI 和大数据技术积累。Google Cloud 的 AI 平台专为机器学习任务设计，支持从数据准备、模型训练到部署的全流程操作，特别是 Google Cloud 的 TPU 服务，可以大幅提升大模型的训练效率，TPU 是 Google 自研的专用处理器，专门为深度学习任务优化，能够在处理大规模矩阵运算时展现出卓越的性能。

Google Cloud 的 BigQuery 和 Dataflow 等工具为大规模数据处理提供了强大的支持，它们能够处理复杂的 ETL 任务，并与 AI 平台无缝对接，简化了从数据到模型的整个开发流程。此外，Google Cloud 还提供 AutoML 工具，帮助用户通过自动化技术训练高质量的模型，即使没有深厚的机器学习背景，也可以借助这些工具构建强大的 AI 应用。

1.4.2.3 Azure

微软 Azure 也是大模型开发的主流云计算平台之一。Azure 的 AI 服务包括机器学习工作室和自动化机器学习工具，支持从数据处理、模型训练到部署的一站式解决方案，Azure 的机器学习服务兼容 TensorFlow、PyTorch 等多种框架，并提供强大的分布式计算支持，能够显著缩短大模型的训练时间。

Azure 的优势在于其与微软产品生态的深度集成，通过与 Office 365、Dynamics 等产品的集成，Azure AI 能够方便地在企业场景中落地，例如，Azure 的认知服务提供了图像识别、语言理解、语音识别等预训练模型，开发者可以通过 API 调用直接在应用中使用这些功能。此外，Azure 的安全性和合规性也使其成为企业客户的首选平台之一。

1.4.3 开源工具与社区资源

大模型的快速发展离不开开源社区的贡献，众多开源工具和社区资源为研究人员和开发者提供了宝贵的技术支持和共享资源，如图1-5所示。GitHub、Kaggle等平台上聚集了大量开源项目和数据集，开发者可以直接下载和使用这些资源，从而加快模型开发的进程。

开源框架如Hugging Face的Transformers库已经成为大模型开发的标配工具，它集成了多种预训练模型，开发者可以直接加载并在自己的任务中进行微调。此外，开源社区还提供了丰富的教程、代码示例和技术文档，使得初学者能够迅速上手，同时，活跃的讨论社区和论坛也为开发者解决问题提供了帮助，在这种开放协作的环境下，大模型的技术突破和应用创新正以前所未有的速度推进。

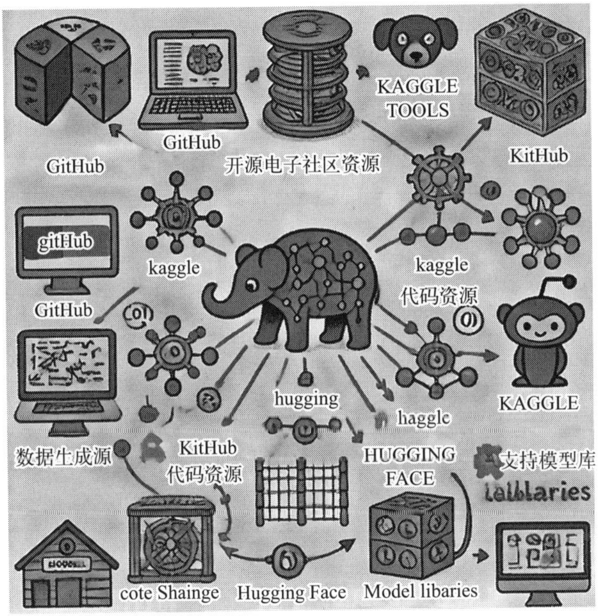

图1-5 开源社区资源与协作工具

2. 自然语言处理

2.1 自然语言处理概述

自然语言处理（Natural Language Processing，NLP）是计算机科学与人工智能领域中的一个重要分支，旨在使计算机能够理解、解释和生成自然语言。NLP的应用涵盖了从语音识别、文本分类、情感分析，到机器翻译、文本生成等多种任务，是实现人机交互的重要技术。随着深度学习和大数据技术的飞速发展，NLP在近年来取得了显著进展，特别是在预训练模型和深度神经网络的推动下，NLP技术的应用范围和效果不断扩展。

2.1.1 NLP的基本概念与任务

NLP的核心任务是让计算机理解并处理人类语言中的复杂结构。传统的NLP任务主要基于规则和统计方法，但随着深度学习的引入，许多传统任务已被更高效、精确的算法所取代，常见的NLP任务包括文本分类、命名实体识别、机器翻译、情感分析、语法解析、文本生成等，如表2-1所示。

表2-1　NLP常见任务与应用场景

NLP任务	应用场景
文本分类	垃圾邮件过滤、新闻分类
情感分析	社交媒体分析、品牌监测
命名实体识别	信息抽取、问答系统
机器翻译	多语言翻译、跨语言搜索
语法解析	语法分析、自然语言理解
文本生成	自动写作、对话系统、摘要生成

文本分类是 NLP 中的基本任务之一，目标是将一段文本自动归类到预定的类别中，例如，垃圾邮件分类、情感分析、新闻文章分类等。情感分析是文本分类中的一个重要子任务，尤其是在社交媒体分析中，情感分析帮助分析公众对某一事件的情绪反应，近年来，情感分析已广泛应用于产品评价、舆情监控等领域。

命名实体识别（NER）是指从文本中识别出具有特定意义的实体，如人名、地名、机构名等。NER 通常用于信息抽取、问答系统以及智能搜索引擎中，在商业领域，NER 也常用于从客户反馈、新闻报道中提取关键信息。

机器翻译是 NLP 的经典任务之一，目标是将一种语言的文本翻译成另一种语言。传统的机器翻译方法包括基于规则的方法和统计方法，而当前主流的翻译方法是基于深度学习的神经网络模型，尤其是基于 Transformer 架构的神经机器翻译（NMT）系统。

语法解析和语义分析则更侧重于理解句子和语段的结构以及其中隐含的语义关系。语法解析关注文本中的词汇和句子结构，帮助模型理解文本的语法规则；而语义分析则试图抓取更深层次的意义，包括词汇的多义性、上下文的影响等。

文本生成是 NLP 中的另一项重要任务，指的是根据给定的上下文生成新的文本。文本生成在对话系统、自动摘要、自动写作等应用中起着关键作用，近年来，基于 Transformer 的生成模型，如 GPT 系列和 BERT 变体，极大地推动了文本生成的研究进展。

2.1.2 语言模型的发展与演进

语言模型的核心目标是通过预测给定词序列中下一个单词的概率分布，帮助计算机理解和生成语言。早期的语言模型主要基于 n-gram 模型，它通过统计文本中 n 个词之间的联合概率来进行预测，尽管 n-gram 模型易于实现，但其存在许多缺陷，尤其是无法处理长距离依赖问题，并且随着 n 值的增加，模型的计算复杂度和数据稀疏问题变得越来越严重。

为了克服这些问题，深度学习的引入带来了神经网络语言模型（NNLM）。神经网络模型通过将词映射为向量（词嵌入），可以捕捉到词之间更复杂的关系，这些模型能够自动学习语言中的语法结构和语义关系，具有更强的表示能力。

在神经网络语言模型中，长短期记忆网络（LSTM）和门控循环单元（GRU）是常见的两种网络架构，它们能够有效地处理长序列数据，克服了传统

RNN 在处理长距离依赖时的梯度消失问题。然而，LSTM 和 GRU 仍然存在计算效率低和训练时间长等问题。

随着自注意力机制（Self-Attention）和 Transformer 架构的提出，语言模型的研究进入了一个新的阶段，Transformer 模型通过并行化计算和自注意力机制，显著提高了计算效率，并且能够处理长序列数据。基于 Transformer 的模型，如 BERT 和 GPT 系列，成为了当今 NLP 领域的主流方法。从 n-gram 到 Transformer 的语言模型发展历程如表 2-2 所示。

表 2-2　从 n-gram 到 Transformer 的语言模型发展历程

模型类型	优势	局限性
n-gram	简单易理解，计算快速	长距离依赖处理困难，稀疏性问题
NNLM（神经网络语言模型）	词向量能够更好地表示语义	训练时间长，模型计算复杂
LSTM/GRU	处理长距离依赖能力强	训练和推理效率较低
Transformer	高效的计算并行化，长距离依赖建模	对于小数据集可能效果不佳

BERT 是一种双向预训练语言模型，其通过掩码语言模型（MLM）和下一句预测（NSP）任务进行预训练。BERT 的双向特性使得它能够充分理解上下文信息，从而在多个 NLP 任务中表现出了卓越的性能，BERT 的推出推动了 NLP 模型从单向语言模型到双向语言模型的转变。

GPT 系列则侧重于生成式任务。GPT 采用的是自回归（autoregressive）架构，给定一个初始文本，模型会依次预测后续词汇，从而生成连贯的文本。GPT-2 和 GPT-3 模型通过无监督学习大量文本数据，提升了生成文本的质量，能够生成非常接近人类水平的自然语言。

表 2-3 中是 BERT 与 GPT 的主要特点对比。

表 2-3　BERT 与 GPT 的主要特点对比

特点	BERT	GPT
架构	编码器（Encoder）	解码器（Decoder）
训练方式	掩码语言模型（MLM）	自回归语言模型（AR）
主要任务	文本理解类任务（如文本分类、NER）	文本生成类任务（如文本生成、对话）
预训练任务	掩码预测和下一句预测（NSP）	只使用自回归的文本生成任务

随着预训练模型的不断发展，NLP 的研究已经从模型的设计转向如何高效地应用这些模型解决具体的应用问题。例如，针对特定任务微调预训练模型，或通过多任务学习提高模型的泛化能力。此外，模型压缩和量化等技术的出现，也使得大规模语言模型的应用变得更加高效。

总的来说，NLP 的语言模型已经经历了从传统统计方法到深度学习方法，再到基于 Transformer 架构的预训练模型的巨大转变。未来，随着模型的进一步发展和优化，NLP 将在更多的实际应用中展现出更强的能力和更广泛的应用场景。

2.2 文本生成与理解

文本生成和理解是自然语言处理中两个核心的任务，它们帮助计算机更好地理解语言，并生成连贯、合适的文本。文本生成任务包括自动写作、对话系统、新闻摘要等，而文本理解则侧重于如何从语言中提取出有意义的信息，随着深度学习技术的进步，尤其是预训练语言模型（如 GPT 系列和 BERT）的出现，文本生成与理解领域取得了显著的突破。

2.2.1 文本生成模型

文本生成是指利用已有文本数据，生成新的、自然流畅的文本内容，难点在于生成内容的连贯性和多样性。现代文本生成模型通常基于深度神经网络，尤其是 Transformer 架构，它通过自注意力机制能够处理长文本，并捕捉上下文之间的复杂依赖关系。

2.2.1.1 GPT 系列模型

GPT 系列是 OpenAI 提出的一种基于 Transformer 的自回归模型，它的核心思想是通过无监督学习，使用大量的文本数据进行预训练，然后在特定的任务上进行微调。GPT 模型的自回归架构使其能够根据前文生成后续文本。

GPT 的工作原理非常简单：给定一段文本，模型通过预测下一个最可能的词语来生成文本。例如，给定“今天的天气真好，适合”，GPT 模型会生成“出去散步”或“旅游”等连贯的后续内容。GPT 系列的成功在于其强大的上下文建模能力，通过训练，模型可以捕捉到语言中的复杂结构。

随着版本的升级，GPT 模型的性能和能力不断提升。GPT-2 相比于 GPT-1，拥有更大的参数规模和更强的生成能力，能够生成更自然的长文本。而 GPT-3 则进一步增加了模型的规模，达到 1750 亿个参数，使得模型能够理解和生成更加复杂的文本，甚至在一些 NLP 任务上超越了传统的监督学习方法。

GPT 的优势在于它能够很好地进行文本生成，但其在理解任务上的表现并不如 BERT 等双向模型。由于 GPT 是自回归生成模型，它的学习方式主要依赖于顺序化的上下文，缺乏双向的上下文信息，从而在一些理解任务中可能表现得不如预期。

2.2.1.2 BERT 与其变体

与 GPT 系列不同，BERT 是一个双向的预训练语言模型，专注于文本的理解任务。BERT 通过掩码语言模型（MLM）进行预训练，即在训练时随机掩盖句子中的一些词，并要求模型预测这些被掩盖的词，通过这种方式，BERT 可以在训练过程中充分利用上下文信息，从而更好地理解词汇的多义性和语法结构。

与 GPT 的自回归架构不同，BERT 的双向编码器使得它能够同时考虑一个词的前后文，从而在诸如命名实体识别（NER）、文本分类等理解任务中表现优异。BERT 的引入不仅提升了文本理解任务的性能，还推动了 NLP 从单向生成模型转向双向理解模型的研究潮流。

BERT 的变体包括 RoBERTa、ALBERT、DistilBERT 等，它们在 BERT 的基础上进行了不同程度的优化，如表 2-4 所示。例如，RoBERTa 去除了 BERT 中的下一句预测任务，仅使用掩码语言模型进行训练，并通过更大的批次、更长的训练时间来进一步提升性能；ALBERT 则通过共享参数和减少参数量来加速训练，并提高了效率；DistilBERT 是 BERT 的压缩版本，通过知识蒸馏技术将 BERT 模型的知识迁移到一个较小的模型上，从而在保证性能的同时减小模型规模，适用于计算资源受限的场景。

表 2-4　BERT 变体对比

模型	训练任务	特点	应用场景
BERT	MLM + NSP	双向预训练模型	文本分类、命名实体识别、QA 系统
RoBERTa	仅 MLM	更大规模训练、去除 NSP 任务	情感分析、文本生成、QA 系统
ALBERT	MLM + NSP	参数共享、参数量更小	多领域文本分类、情感分析
DistilBERT	MLM	模型压缩、加速训练	低资源环境中的文本理解任务

2.2.2 语义分析与理解

语义分析和理解是 NLP 中非常重要的一环，目标是从文本中提取出准确的语义信息。语义理解包括词汇级别的理解（如词义消歧）、句子级别的理解（如语法结构分析）、以及上下文级别的推理（如上下文理解和情感分析）。在实际应用中，语义分析往往涉及多个层面的任务，其中词嵌入技术和情感分析是两个关键的技术。

2.2.2.1 词嵌入技术

词嵌入技术是将词汇映射到一个低维空间中的实值向量，通过这种方式，模型能够捕捉到词汇之间的相似性和关系。传统的词嵌入方法（如 Word2Vec 和 GloVe）通过统计方法生成词向量，能够有效地表示词与词之间的语义关系。Word2Vec 使用的是基于窗口的上下文预测模型，通过最大化上下文词汇与目标词汇之间的相似性来训练词嵌入；GloVe 则采用全局词频统计信息来训练词向量。

然而，这些方法在处理多义词、上下文依赖性较强的词汇时存在一定的局限性。为了解决这些问题，BERT 等基于 Transformer 的模型通过上下文敏感的嵌入方式生成动态词向量，这种方法能够根据不同的上下文生成不同的词向量，提升了语义表示的准确性。其与传统的词嵌入方法的优劣势对比如表 2-5 所示。

表 2-5　词嵌入方法对比

方法	特点	优势	局限性
Word2Vec	基于局部上下文的词向量学习	快速计算，适用于大规模文本数据	无法处理多义词、上下文相关性差
GloVe	基于全局统计的词向量学习	捕捉词语间的全局关系	没有考虑词的上下文依赖
BERT	基于上下文的词嵌入生成	动态生成词向量，精确表达词义	计算复杂度高，训练时间长

2.2.2.2 情感分析

情感分析是 NLP 中的一项重要任务，旨在通过分析文本中的情感倾向，帮助理解人类情感的表达。情感分析广泛应用于社交媒体监控、市场研究、产品评价等领域。传统的情感分析方法基于规则或词典，如使用情感词汇表来判断文本的情感倾向，这些方法在处理情感复杂、多变的文本时，常常存在准确性较低的问题。

近年来，基于深度学习的情感分析方法取得了显著的进展，特别是利用预训练模型如BERT，情感分析的性能得到了极大提升。BERT通过双向上下文的建模，能够更准确地捕捉文本中的情感信息，通过微调BERT模型，可以在特定情感分析任务中达到非常高的精度，且模型能够更好地适应不同语言和文化背景的情感表达。

情感分析的任务通常分为3类：情感分类、情感强度预测和情感主题分析。情感分类任务旨在将文本分为正面、负面或中性等类别；情感强度预测则是根据文本中的情感表达预测情感的强度；情感主题分析则进一步分析文本中情感的具体来源，如产品的质量、服务态度等。

情感分析不仅能帮助品牌监控社交媒体上的舆情，还能为客户服务提供支持，帮助企业更好地理解客户的需求和情绪。

总的来说，文本生成与理解的技术正在不断演进，模型的能力和应用场景也在逐步扩展。从GPT到BERT，从词嵌入到情感分析，NLP技术正在越来越深入地融入到我们日常生活和工作的各个方面。

2.3 案例分析：智能客服系统

随着人工智能技术的不断发展，越来越多的企业开始将智能客服系统应用于客户服务中，以提升服务效率和客户满意度。智能客服系统利用NLP技术，可以自动理解客户的需求并给出相应的回复，它不仅能减少人工客服的工作负担，还能提供7×24小时不间断的服务。本节将以一个典型的智能客服系统项目为例，介绍其项目背景、技术选型、架构设计、实现步骤及代码示例，并讨论其部署与优化过程。

2.3.1 项目背景与需求分析

随着在线购物、金融服务、技术支持等行业的快速发展，客户对快速响应和高效服务的需求越来越高。传统的人工客服往往面临着响应时间长、服务质量不稳定、工作时间有限等问题，因此，企业开始寻求更加高效、智能的解决方案。智能客服系统正是应运而生，通过自动化的方式处理客户的查询、投诉、反馈等需求。

在本项目中，目标是开发一个智能客服系统，能够根据用户输入的自然语言问题进行自动回答。主要需求如下：

自动化响应：系统能够理解并回答常见的客户问题，如订单查询、退款流程、产品信息等。

多轮对话：支持多轮对话，在一个对话过程中能够跟踪上下文，进行连续交互。

简易的管理和部署：能够通过简单的后台管理界面进行问题库的更新与管理。

高可扩展性：系统需要能够随着业务的增长，灵活增加新的知识领域和功能模块。

2.3.2 技术选型与架构设计

在技术选型上，智能客服系统主要依赖自然语言处理技术，结合机器学习和规则引擎进行优化，考虑到项目的实施周期和业务需求，本项目选择了 Python 作为开发语言，并利用现有的 NLP 库和工具进行快速开发。同时，为了保证系统的灵活性和扩展性，选用了模块化的架构设计。

(1) 技术选型

NLP 框架：为提高文本理解能力，本项目选用了 Python 中的 jieba 进行中文分词，结合 sklearn 的 TF-IDF（词频 - 逆文档频率）模型进行文本相似度计算。

数据库：选用 SQLite 数据库来存储常见问题与答案（FAQ），便于后期管理和维护。

后端框架：Flask 用于构建后端 API，提供 RESTful 接口以支持与前端的交互。

前端：使用 HTML 和 JavaScript 构建简单的聊天界面，配合后端进行数据交互。

部署平台：系统部署在阿里云的虚拟机上，通过 Flask 的内置服务器进行初步运行，后期可迁移到生产环境。

（2）架构设计

智能客服系统的架构可分为四个主要模块：

用户输入模块：接收并解析用户的自然语言输入，将其转化为机器可处理的格式。

文本理解模块：对用户输入进行分词、向量化，并计算与 FAQ 库中问题的相似度，从而选出最相关的答案。

对话管理模块：负责跟踪多轮对话的上下文信息，确保系统能够理解用户的连续提问，并根据上下文给出合理的回答。

知识库管理模块：提供管理 FAQ 的界面，支持管理员更新问题库和添加新的知识内容。

2.3.3 实现步骤与代码示例

（1）第一步：用户输入与分词

首先，我们需要从用户输入中提取关键信息。在中文处理方面，jieba 是一个非常有效的分词工具，它可以将用户的输入分解为词汇单元，便于后续的处理，其运行结果如图 2-1 所示。

```
import jieba
def segment_text(text):
    # 使用jieba进行中文分词
    words=jieba.cut(text)
    return " ".join(words)
user_input="我想查询订单状态"
seg_result=segment_text(user_input)
print(seg_result)
```

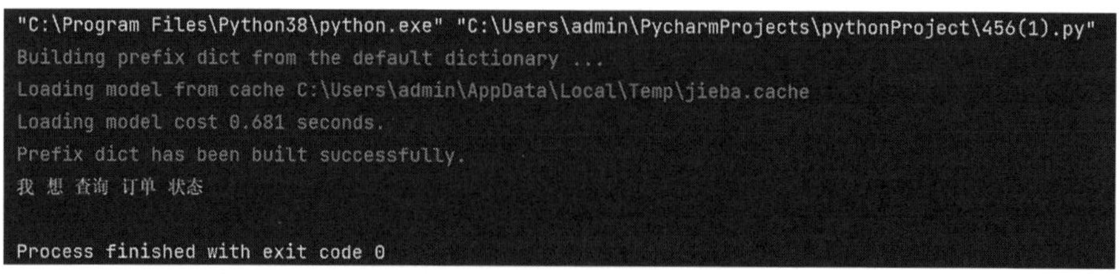

图 2-1　用户输入与分词运行结果

在这个例子中，jieba.cut（ ）将输入的文本“我想查询订单状态”分解为一个个词语，“我 / 想 / 查询 / 订单 / 状态”，这个结果将为后续的文本理解模块做准备。

（2）第二步：文本向量化与相似度计算

文本相似度计算是文本理解模块的核心部分。本项目使用了 TF-IDF 算法来进行文本向量化，利用 sklearn 的 TfidfVectorizer 进行处理，通过计算用户输入与 FAQ 数据库中的问题的余弦相似度，我们能够找出最匹配的答案，其运行结果如图 2-2 所示。

```
    from sklearn.feature_extraction.text import TfidfVectorizer
    from sklearn.metrics.pairwise import cosine_similarity
    # 假设FAQ库(根据需求进行调整)
    faq={
        "订单状态查询/我的订单/订单查询": "请提供您的订单号，我们将为您查询
订单状态。",
        "退款流程/我要退款/退款": "退款通常需要5-7个工作日，请耐心等待。",
        "产品信息/产品查询": "我们的产品有多种型号，具体信息请访问官网。"
    }
    # 用户输入
    user_input-"退款"
    # 向量化处理
    vectorizer=TfidfVectorizer()
    faq_questions=list(faq.keys()) # FAQ问题列表
    faq_answers=list(faq.values()) # FAQ答案列表
    # 合并用户输入与FAQ问题进行向量化
    documents=[user_input]+faq_questions
    tfidf_matrix=vectorizer.fit_transform(documents)
    # 计算相似度
    similarity_matrix=cosine_similarity(tfidf_matrix[0: 1], tfidf_
matrix[1:])
    best_match_index=similarity_matrix.argmax()  # 获取最匹配的
FAQ问题
    # 输出最匹配的答案
    response=faq_answers[best_match_index]
    print(f"最匹配的答案是: {response}")
```

```
"C:\Program Files\Python38\python.exe" "C:\Users\admin\PycharmProjects\pythonProject\456(2).py"
最匹配的答案是：退款通常需要5-7个工作日，请耐心等待。

Process finished with exit code 0
```

图 2-2　文本向量化与相似度计算运行结果

在这段代码中，首先通过 TfidfVectorizer 将用户输入与 FAQ 中的问题进行向量化，然后计算余弦相似度。最后，选择最相似的问题并返回相应的答案，这种方法非常适合处理简单的 FAQ 类型的智能客服任务。

（3）第三步：对话管理与上下文跟踪

为了支持多轮对话，系统需要能够在多次交互中跟踪上下文，每次用户发问时，系统都应记住之前的对话内容，以便为用户提供更精确的回答。例如，在询问退款时，如果用户之前提到过订单号，系统需要记住这一信息并加以利用，其运行结果如图 2-3 所示。

```
class DialogueManager:
    def __init__(self):
        self.context={}
    def update_context(self, user_id, key, value):
        if user_id not in self.context:
            self.context[user_id]={}
        self.context[user_id][key]=value
    def get_context(self, user_id, key):
        return self.context.get(user_id, {}).get(key)
# 示例：用户查询订单状态并提供了订单号
dialogue_manager=DialogueManager()
dialogue_manager.update_context("user123", "order_id",
"123456")
order_id=dialogue_manager.get_context("user123", "order_id")
print(f"用户提供的订单号是：{order_id}")
```

```
"C:\Program Files\Python38\python.exe" C:\Users\admin\PycharmProjects\pythonProject\456（3）.py
用户提供的订单号是：123456

Process finished with exit code 0
```

图 2-3　对话管理与上下文跟踪运行结果

在这个例子中，DialogueManager 类用于存储和管理每个用户的对话上下文信息。通过 update_context（）方法，可以更新用户的对话上下文，而通过 get_context（）方法，可以获取存储的上下文数据。

2.3.4 部署与优化

在完成了系统的开发和测试后，下一步是进行部署和优化。由于该智能客服系统的主要功能是基于简单的文本匹配和规则推理，因此它的计算需求相对较低，可以将系统部署在云服务器或本地服务器上，并使用 Flask 提供 API 接口供前端调用。

（1）部署

Flask 部署：Flask 应用可以通过 gunicorn 部署在云服务器上，通过配置 nginx 反向代理，可以提供高效的请求处理能力。

数据库管理：FAQ 和用户数据存储在 SQLite 数据库中，为了便于管理，管理员可以通过简单的 Web 界面更新 FAQ 数据。

前端展示：前端采用 HTML、CSS 和 JavaScript 构建一个简洁的聊天窗口，用户可以通过文本输入与系统进行交互。

（2）优化

性能优化：对于 FAQ 库中的问题和答案进行索引，利用数据库的全文索引技术可以加速查询。

模型优化：为了提升匹配的准确度，可以逐步引入更多的自然语言处理技术，如情感分析、命名实体识别等。

用户体验优化：通过收集用户反馈，不断更新 FAQ 库，并根据用户需求添加新的知识领域。

总结而言，本智能客服系统的实现通过 Python 中的 NLP 技术，结合简单的向量化模型和对话管理机制，实现了一个高效的自动化客服解决方案。随着系统的不断优化和扩展，未来可以支持更复杂的业务需求，提供更加智能的服务体验。

3. 计算机视觉

3.1 计算机视觉概述

计算机视觉（CV）是一门研究如何使机器“看懂”图像或视频的学科，它通过自动化处理和分析图像和视频数据，让机器具备识别、分析和理解视觉信息的能力。近年来，计算机视觉在多个行业取得了显著应用，覆盖从智能安防、自动驾驶到医疗健康等领域，借助深度学习模型尤其是卷积神经网络（CNN）的飞速发展，计算机视觉技术已取得了前所未有的进展。现在，CV 已经不仅是学术研究的热点，更是推动智能化进程的关键力量。

3.1.1 CV 的基本任务与应用场景

计算机视觉的主要任务可以概括为以下几类：

① 图像分类：这是最基本的视觉任务之一。图像分类的目标是将图像分配给预定义的类别，如识别一张图片中包含的是猫、狗还是人，图像分类通常是由深度神经网络完成的，尤其是基于 CNN 的模型，如 ResNet、Inception 和 VGG 等。

② 对象检测：对象检测不仅需要识别图像中存在的物体类别，还要在图像中标出物体的具体位置。典型的对象检测算法包括 YOLO（You Only Look Once）和 Faster R-CNN（Region-based Convolutional Neural Networks），对象检测在自动驾驶、安防监控和工业检测等场景中有着广泛的应用。

③ 图像分割：图像分割是一种更精细的视觉任务。它将图像中的像素分配到特定的对象或区域，分为语义分割和实例分割两种，语义分割将同类别的像素归为一个区域，而实例分割则在同类别内区分不同对象。比如，在一张包含多个

人的图片中，实例分割不仅要识别出“人”的区域，还要分别标记出每个人。

④ 姿态估计：姿态估计是指检测图像或视频中人体的关节点，并构建出骨架结构。姿态估计在运动分析、健身指导和人机交互等应用中非常实用，OpenPose 是一个知名的姿态估计开源框架。

⑤ 视觉场景理解：这项任务需要模型对整个场景进行理解，包括识别场景中可能包含的物体、物体之间的关系以及物体所处的环境。例如，自动驾驶中的视觉感知需要对道路、行人、车辆、交通信号灯等多种信息进行综合理解，以帮助车辆做出安全决策。

随着深度学习的进步，计算机视觉技术已经在多个领域得到了广泛的应用，如图 3-1 所示：

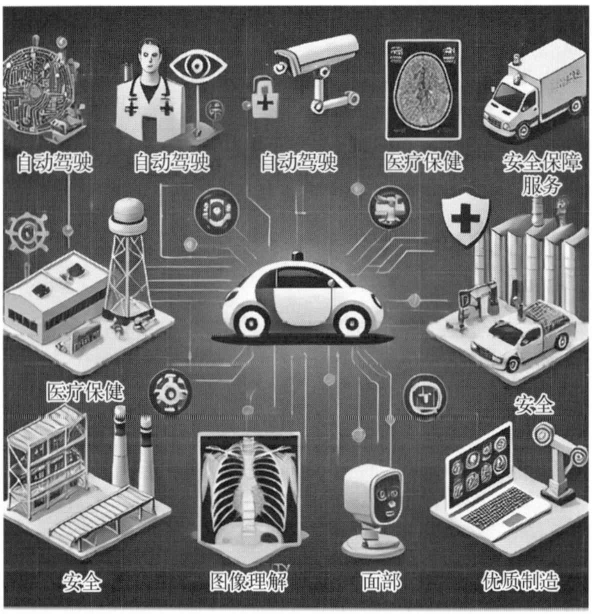

图 3-1 计算机视觉技术在各行业的应用

① 自动驾驶：自动驾驶汽车需要依靠视觉感知来检测车辆、行人、障碍物以及交通标志等，高效的对象检测和场景分割算法确保了车辆在复杂环境下的安全行驶。

② 医疗健康：医学影像分析是计算机视觉在医疗领域的一个重要应用，如使用图像分类和分割技术来辅助疾病诊断，比如识别肺炎、癌症等病变组织。

③ 安防监控：智能监控系统利用计算机视觉技术来实现实时视频监控，可以检测异常行为、识别潜在威胁并发出警报，对象检测和人脸识别技术在安防监

控中尤其重要。

④ 工业制造：在智能制造中，计算机视觉用于检测产品缺陷、测量尺寸以及分析生产状态，视觉技术提升了生产过程的自动化程度和质量控制水平。

3.1.2 图像识别与处理技术

图像识别是计算机视觉的核心任务之一，主要包括图像分类、对象检测、图像分割等。要实现图像识别，通常需要经历以下步骤，如图 3-2 所示：

① 数据预处理：图像数据通常需要经过一系列预处理操作，以便提高模型的准确性。例如，数据增强可以通过旋转、翻转、裁剪等操作增加数据的多样性，进而提升模型的泛化能力，图像归一化和标准化等操作则能够帮助模型更好地收敛。

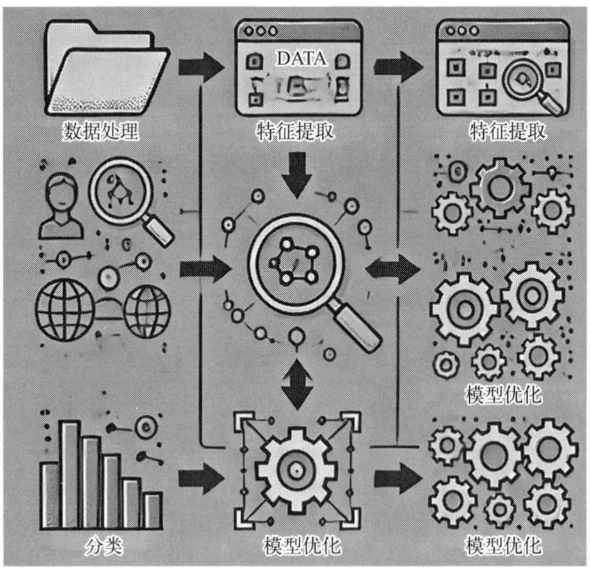

图 3-2 图像识别流程

② 特征提取：特征提取是从图像中获取有意义信息的过程。在深度学习之前，图像特征主要依赖人工设计，如 SIFT、HOG 等传统算法，而在深度学习时代，卷积神经网络（CNN）能够自动学习到有用的特征，从而大幅提升了图像识别效果。

③ 分类与识别：分类任务的目的是将图像分配到正确的类别，CNN 通过卷

积操作提取特征，再通过全连接层对这些特征进行整合和分类。近年来的经典模型，如 AlexNet、VGG、ResNet 等，极大地推动了图像分类技术的发展。

④ 模型优化与训练：模型的优化过程通常包括超参数调整、损失函数的选择以及优化算法的应用。对于计算机视觉任务，常用的优化算法包括 Adam、SGD 等，模型训练中还可以使用迁移学习，通过预训练模型提升训练效率和性能。

在实际应用中，计算机视觉技术经常与图像处理技术相结合，以提升图像质量并增强视觉效果。常见的图像处理技术如表 3-1 所示：

表 3-1 图像处理技术及其应用

技术名称	具体应用	主要效果
图像增强	亮度调整、对比度提升、色彩平衡	提高图像清晰度和识别准确性
图像去噪	高斯滤波、中值滤波	去除噪声，提升图像清晰度
图像恢复	模糊恢复、基于 GAN 的重建	恢复图像细节

总之，计算机视觉的核心任务和图像处理技术为实现图像识别和分析提供了强大的支持，随着硬件性能的提升和算法的进步，计算机视觉的应用场景将不断拓展，推动更多行业实现智能化转型。

3.2 目标检测与图像生成

目标检测与图像生成是计算机视觉的重要组成部分。目标检测负责识别图像中的目标物体并确定其位置，而图像生成通过模型合成新的图像，或在已有图像基础上进行增强。近年来，随着深度学习技术的发展，目标检测与图像生成技术在自动驾驶、医疗、娱乐等领域得到了广泛应用，以下将详细介绍这两个领域的关键算法和技术。

3.2.1 目标检测算法

目标检测算法通过在图像中定位并分类不同的物体来实现智能化识别，目前，主流的目标检测算法主要包括 YOLO 系列和 Faster R-CNN，如图 3-3 所示。

图 3-3　YOLO 和 Faster R-CNN 检测

3.2.1.1　YOLO 系列

YOLO 是一种端到端的目标检测算法，以其高效的实时检测能力著称。YOLO 将图像分为一个网格，每个网格负责检测一个物体，它在一个神经网络中同时处理物体的分类和位置回归，能够在极短的时间内完成检测。

YOLO 系列自发布以来已经经历了多次迭代，从 YOLO v1 到 YOLO v7，不断提升了检测精度和速度，其主要特点和适用场景如表 3-2 所示。例如，YOLO v4 引入了 CSPDarknet53 主干网络，以减少计算量，增强了检测效率；而 YOLO v5 则进一步优化了架构，增加了自动超参数优化功能，提升了易用性。在实际应用中，YOLO 算法被广泛应用于自动驾驶和视频监控等需要实时检测的场景。

表 3-2　YOLO 版本对比及应用场景

YOLO 版本	主要特点	适用场景
YOLO v1	单次检测、速度快	基础实时检测
YOLO v3	使用 Darknet53 网络，精度提高	复杂场景检测
YOLO v4	使用 CSPDarknet53，提升效率	自动驾驶、视频监控等

续表

YOLO 版本	主要特点	适用场景
YOLO v5	架构优化，支持自动超参调优	需要灵活调参的实时检测
YOLO v6	更进一步的精度和速度优化，适应更多硬件	高效实时检测
YOLO v7	引入更多自适应技术，增强小物体检测能力	高精度小物体检测

3.2.1.2 Faster R-CNN

Faster R-CNN 是一种双阶段的目标检测算法。与 YOLO 不同，Faster R-CNN 首先在图像中生成区域建议（Region Proposals），然后对这些区域进行分类和位置回归，该算法由 R-CNN 系列发展而来，通过加入区域建议网络（RPN）大幅提升了检测效率。尽管 Faster R-CNN 不如 YOLO 在实时性上具备优势，但它的检测精度较高，更适合用于需要精细检测的任务，如医疗影像分析和细粒度物体识别。

Faster R-CNN 的缺点是计算量较大，因此在部署时通常需要较高的硬件配置，随着硬件性能的提升和模型的不断优化，Faster R-CNN 在复杂场景中的应用越来越广泛。

3.2.2 图像生成与增强

图像生成和增强技术的核心是生成对抗网络（GAN）及其相关的图像处理技术。GAN 通过生成模型和判别模型之间的对抗训练，生成逼真的图像或修复受损的图像。除了图像生成，GAN 还可以用于图像增强，提高图像质量或分辨率。

3.2.2.1 GAN

GAN 由生成器和判别器组成，其中生成器负责生成看似真实的图像，而判别器则判断图像的真假，其主要模型特点与应用场景如表 3-3 所示。通过生成器和判别器之间的对抗训练，GAN 能够生成非常逼真的图像，经典的 GAN 模型包括 DCGAN、StyleGAN 和 BigGAN 等，其中 StyleGAN 在高质量人脸图像生成方面表现尤为突出，取得了惊人的效果。

表 3-3 GAN 模型特点与应用场景

GAN 模型	主要特点	典型应用
DCGAN	稳定性较好，适合生成较简单的图像	基本图像生成、图像增强
StyleGAN	高质量人脸生成，风格控制能力强	高质量人脸生成、风格转换
BigGAN	高分辨率图像生成，适用于大规模生成	大规模高质量图像生成
CycleGAN	无监督图像到图像转换，适合风格和场景转换	风格转换（如照片到油画）、场景转换（如日转夜）

GAN 的一个重要应用是“图像到图像”的转换，即从一种图像域生成另一种图像域的图像。例如，CycleGAN 能够实现无监督的图像转换，可以将照片风格转换为油画风格，或将白天场景转换为夜晚场景，这种应用展现了 GAN 在风格转换和场景变化中的强大能力。

3.2.2.2 图像修复与超分辨率

图像修复技术用于填补图像中的缺失区域或修复受损部分，而超分辨率技术用于提升图像的分辨率，这两者都可以通过 GAN 实现，尤其是基于深度学习的 GAN 模型，如 SRGAN（Super-Resolution GAN）和 Context Encoder。在超分辨率任务中，SRGAN 能够将低分辨率图像增强为高分辨率，应用于医疗影像、卫星图像分析等领域；Context Encoder 则在图像修复方面表现出色，能够填补缺失的区域，使图像看起来更加自然。

总之，目标检测与图像生成技术为计算机视觉领域带来了更多可能性。通过深入理解 YOLO 和 Faster R-CNN 等检测算法，以及 GAN 在图像生成和增强方面的应用，研究者和工程师可以在多种应用场景中有效地实现智能图像处理。

3.3 案例分析：智能安防系统

智能安防系统通过使用计算机视觉技术实时监控、检测和分析视频图像，为各类场景提供安全保障。该系统能够自动识别潜在威胁或异常行为，并及时报警，此项目涵盖了目标检测、行为识别等技术，应用在工厂、交通、社区等场景中。

3.3.1 项目背景与需求分析

在传统安防系统中，监控视频的监测依赖人工，不仅工作量大，还容易出现疏漏。智能安防系统的目标是通过自动检测异常情况，及时响应安全隐患，以减少人工干预，提高监控效率。具体需求包括：

① 实时监控与检测：系统需实时识别视频中的人或车辆等物体。

② 异常行为检测：检测到人员徘徊、闯入或车辆违停时系统应发出警报。

③ 高效存储与回溯：系统需能够高效存储监控视频，支持事件回溯。

④ 易于扩展与部署：系统设计应适合不同场景，具备灵活的扩展能力。

3.3.2 技术选型与架构设计

该智能安防系统的核心技术选型包括目标检测和行为识别算法。为实现高效实时检测，我们选择 YOLO v5 作为目标检测模型，并结合深度学习框架 PyTorch 进行实现，系统架构分为前端、后端和存储模块：

① 前端：负责实时视频流的采集。

② 后端：运行目标检测模型，将检测到的目标和行为信息进行分析。

③ 存储模块：对视频和检测结果进行存储，支持回溯与分析。

架构设计如下：

前端（摄像头）→数据传输→后端（检测服务器）→异常分析→存储与报警

3.3.3 实现步骤与代码示例

以下代码实现了 YOLO v8 目标检测模型的加载、图像（视频流）处理和异常检测功能，代码使用 Ultralytics YOLO 和 OpenCV 库。

```
# 导入所需库
import cv2
from ultralytics import YOLO
# 加载 YOLOv8 模型
model=YOLO('yolov8n.pt') # 使用轻量级模型
# 设置检测到的人或车辆框的位置和大小阈值
```

```
    danger_zone=(100, 300, 500, 700) # 示例区域，需根据场景调整
    # 定义异常行为检测函数
    def detect_anomalies(detections):
        for x1, y1, x2, y2 in detections[:, :4]:
            x1, y1, x2, y2=map(int, [x1, y1, x2, y2])
            # 检查对象是否在危险区域内
            if x1>danger_zone[0] and x2<danger_zone[2] and y1>
danger_zone[1] and y2<danger_zone[3]:
                return True                     # 有异常检测
        return False
    # 读取图片
    image_path='C:/Users/admin/Desktop/1.jpg'    # 替换为你的图片路径
    frame=cv2.imread(image_path)

    if frame is None:
        print(f"Error: Unable to load image at{image_path}")
    else:
        # 进行YOLO目标检测
        results=model(frame)                     # 使用YOLOv8进行推理
        detections=results[0].boxes              # 获取检测结果
        # 转换检测结果为numpy数组
        boxes=detections.xyxy.cpu().numpy()      # 边界框坐标[x1, y1,
x2, y2]
        confs=detections.conf.cpu().numpy()      # 置信度
        classes=detections.cls.cpu().numpy()     # 类别
        # 在图像上显示检测结果
        for i, (x1, y1, x2, y2)in enumerate(boxes):
            conf=confs[i]
            cls=int(classes[i])
            label=f'{model.names[cls]}{conf:.2f}'
            # 绘制边框
            cv2.rectangle(frame, (int(x1), int(y1)), (int(x2),
int(y2)), (0, 255, 0), 2)
            cv2.putText(frame, label, (int(x1), int(y1)-10), cv2.
FONT_HERSHEY_SIMPLEX, 0.5, (0, 255, 0), 2)
        # 检测异常
        if detect_anomalies(boxes):
            cv2.putText(frame, "Alert! Anomaly Detected", (50, 50),
cv2.FONT_HERSHEY_SIMPLEX, 1, (0, 0, 255), 2)
            print("Alert! Anomaly Detected") # 可连接报警系统
```

```
    # 显示检测结果的图像
    cv2.imshow("Detection Result", frame)
    # 按 'q' 键退出窗口
    cv2.waitKey(0)
    cv2.destroyAllWindows()
```

我们通过代码实现了对图片的目标检测，并提供了实际的运行示例，直观地了解了目标检测的基本流程和输出结果。接下来，将介绍如何扩展到视频流的目标检测。

视频流处理的核心逻辑与图片处理类似，但由于视频是由多帧连续图像组成，需要通过循环实时读取视频帧，并对每一帧进行目标检测。由于条件限制，无法在此提供实际运行视频流处理的示例，但提供的代码逻辑已经经过测试，读者可以将其直接应用于摄像头或者视频文件的实时检测场景中，只需将摄像头设备作为输入源，即可实现目标检测的动态展示。代码如下所示：

```
# 导入所需库
import cv2
from ultralytics import YOLO
# 加载 YOLOv8 模型
model=YOLO('yolov8n.pt') # 使用轻量级模型
# 打开摄像头视频流(0表示默认摄像头)选择摄像头
cap=cv2.VideoCapture(0)
# 设置检测到的人或车辆框的位置和大小阈值
danger_zone=(100, 300, 500, 700) # 示例区域，需根据场景调整
# 定义异常行为检测函数
def detect_anomalies(detections):
    for x1, y1, x2, y2 in detections[:, :4]:
        x1, y1, x2, y2=map(int, [x1, y1, x2, y2])
        # 检查对象是否在危险区域内
            if x1>danger_zone[0] and x2<danger_zone[2] and
y1>danger_zone[1] and y2<danger_zone[3]:
            return True  # 有异常检测
    return False
# 主循环
while cap.isOpened():
    ret, frame=cap.read()
    if not ret:
        break
```

```
        # 进行YOLO目标检测
        results=model(frame)                    # 使用YOLOv8进行推理
        detections=results[0].boxes       # 获取检测结果
        # 转换检测结果为numpy数组
        boxes=detections.xyxy.cpu().numpy()     #  边界框坐标[x1, y1,
x2, y2]
        confs=detections.conf.cpu().numpy()     # 置信度
        classes=detections.cls.cpu().numpy()    # 类别
        # 在视频帧上显示检测结果
        for i, (x1, y1, x2, y2)in enumerate(boxes):
            conf=confs[i]
            cls=int(classes[i])
            label=f'{model.names[cls]}{conf: .2f}'
            # 绘制边框
            cv2.rectangle(frame, (int(x1), int(y1)), (int(x2),
int(y2)), (0, 255, 0), 2)
            cv2.putText(frame, label, (int(x1), int(y1)-10), cv2.
FONT_HERSHEY_SIMPLEX, 0.5, (0, 255, 0), 2)
        # 检测异常
        if detect_anomalies(boxes):
              cv2.putText(frame, "Alert! Anomaly Detected", (50,
50), cv2.FONT_HERSHEY_SIMPLEX, 1, (0, 0, 255), 2)
            print("Alert! Anomaly Detected") # 可连接报警系统
        # 显示视频帧
        cv2.imshow("Security Feed", frame)
        # 按'q'键退出
        if cv2.waitKey(1)& 0xFF == ord('q'):
            break
    # 释放资源
    cap.release()
    cv2.destroyAllWindows()
```

图 3-4 和图 3-5 分别是示例图像检测前后的画面。

3.3.4 部署与优化

模型优化：在目标检测中，YOLOv5 的性能受到计算资源的限制，可以通过量化模型或采用更轻量的 YOLO 版本来提升速度。部署时建议使用 GPU 加速，以获得更高的实时性。

图 3-4　示例图像检测前

图 3-5　示例图像检测后

① 报警系统：系统可以连接报警装置，例如发出警报声或向管理系统发送通知。可以使用 MQTT 等协议，将检测结果发布到云端，触发通知。

② 扩展应用：在多摄像头场景中可以实现分布式架构，每个摄像头独立运行检测算法，并将结果汇总到中央控制系统，实现多区域监控。

③ 视频存储与回溯：通过视频编码和存储技术，对重要事件进行存储和回放，便于事后分析。

通过上述步骤，智能安防系统能够实现高效、自动化的安全监控，有助于在工厂、社区等场景中保障人身和财产安全。

4. 语音处理

4.1 语音处理概述

语音处理技术是人工智能领域的重要组成部分，它涵盖了语音识别、语音合成、语音情感分析、语音翻译等多种技术应用。随着语音交互技术的快速发展，语音处理在智能家居、车载系统、客服机器人、医疗健康等多个领域得到了广泛应用，尤其是语音识别和语音合成，作为语音处理的两大核心技术，已成为实现智能语音交互系统的基础。本文将简要介绍语音识别与合成的基本原理及应用，分析语音处理技术面临的挑战，并展示相关的技术趋势。

4.1.1 语音识别与合成

语音识别和语音合成是语音处理的两个关键技术。语音识别（Speech Recognition）是指将人类的语音信号转化为文本信息的过程，而语音合成（Speech Synthesis）则是将文本信息转换为自然流畅的语音的过程。

（1）语音识别

语音识别技术的发展大致可以分为以下几个阶段：

传统方法：最早的语音识别系统基于模板匹配方法，依赖于预设的词库和简单的特征提取，虽然这些系统的识别精度较低，但在一些特定领域（如命令控制系统）仍然有所应用。

基于统计模型：随着机器学习的发展，语音识别技术进入了统计建模阶段。此时，常用的方法是隐马尔可夫模型（HMM）结合高斯混合模型（GMM），通过训练大量语音数据来生成识别模型，大大提高了识别的准确性。

深度学习应用：近年来，深度神经网络（DNN）尤其是卷积神经网络（CNN）和循环神经网络（RNN）在语音识别中的应用，使得该技术取得了突破性的进展。深度学习方法能够在更复杂的环境下（如噪声较大的情况下）提供更准确的识别结果。

在语音识别的实际应用中，常见的技术流程包括：

特征提取：通过对语音信号进行短时傅里叶变换（STFT）或梅尔频率倒谱系数（MFCC）处理，将语音信号转化为特征向量。

声学模型训练：使用深度神经网络（如深度前馈神经网络、卷积神经网络或循环神经网络）来建模声音与文本之间的映射关系。

解码与语言模型：将识别到的声学特征与预先构建的语言模型结合，最终输出对应的文本信息。

（2）语音合成

语音合成技术的目标是将计算机生成的文本转化为人类可以理解的语音。现代的语音合成技术大体可以分为以下几种方法：

基于规则的合成：这种方法通过手工编写的发音规则生成语音，虽然其语音质量较高，但开发成本较高且适用范围有限。

拼接式合成：拼接式合成通过将大量录制的语音片段拼接在一起，形成连贯的语音输出，这种方法可以生成较为自然的语音，但受限于语音库的规模和多样性。

统计参数合成（HMM 语音合成）：HMM 语音合成通过模型参数来合成语音，该方法能够生成流畅且高质量的语音，尤其是在需要合成不同语音风格的场景中，显示了较好的灵活性。

神经网络合成：近年来，基于深度学习的神经网络合成技术（如 WaveNet）取得了显著的进展，通过生成对抗网络（GAN）和序列到序列（Seq2Seq）模型，神经网络合成能够生成高度自然、富有感情的语音输出。

语音合成的技术流程包括：

文本预处理：包括文本标准化、音素转换等，确保文本的语言特性能够被合适地转化为语音信号。

声学模型生成：通过训练深度神经网络模型（如 WaveNet）来生成音频波形。

后处理与合成：对生成的音频波形进行后处理，去除噪声并优化语音质量。

4.1.2 语音处理的技术挑战

尽管语音处理技术已经取得了显著进展，但在实际应用中仍然面临一些技术挑战，见表 4-1。以下是主要的技术难点：

（1）噪声鲁棒性

语音识别和语音合成的一个重要挑战是噪声鲁棒性。在现实环境中，语音信号常常受到各种噪声（如背景音、人声干扰、环境音等）的影响，这使得语音识别的准确性和语音合成的质量大打折扣。当前，许多语音识别系统和合成系统通过引入噪声抑制技术和声学建模来提高鲁棒性。例如，语音识别中的端到端系统（如深度神经网络）能够有效地应对噪声环境，提升系统的性能。

（2）语音理解与情感分析

虽然语音识别技术能够准确地将语音转化为文字，但如何理解语音背后的情感和语境仍然是一个难题。例如，在客服、智能家居等场景中，系统不仅需要识别用户的指令，还需要理解用户的情感和需求，以便做出恰当的回应。情感分析技术可以帮助系统识别语音中的情绪和语气，进而为系统提供更多的上下文信息；然而，情感分析在多语言、多方言以及情感多样性的情况下，仍然面临一定的挑战。

（3）多语言与方言适应性

目前，大多数语音识别和合成系统是基于标准语言模型构建的，针对不同语言和方言的适应性差。尤其是在多语种环境下，如何保证语音识别的准确性，并且提供合适的语音合成效果，仍然是一个技术瓶颈。解决这一问题需要对多语种模型进行优化，或采用跨语言模型来提升识别与合成的普适性。

（4）实时处理能力

语音处理技术的另一个挑战是实时处理能力。许多应用场景要求语音识别和合成能够在毫秒级别内完成响应，以确保用户体验的流畅性。虽然深度学习技术在提高语音识别准确性的同时也带来了计算复杂度的增加，实时处理的能力仍然是需要重点关注的方面，通过引入轻量级模型、硬件加速以及分布式计算等技术，能够在保证实时性和准确性的基础上提升系统的处理能力。

（5）个性化与自然化语音合成

随着语音合成技术的进步，如何实现个性化、自然化的语音合成成为一个重要方向。例如，用户可能希望为智能助手选择特定的声音风格或语气，以提高交互的亲和力。当前，基于深度学习的语音合成技术（如 WaveNet）已经能够生成高质量、富有情感的语音，但如何使得语音更加自然，并具备足够的个性化，仍是一个技术挑战。

（6）隐私与安全性问题

语音数据涉及用户的个人信息和隐私，因此如何保护语音数据的安全性也是一个不容忽视的挑战。在数据传输和存储过程中，需要采取加密技术和隐私保护机制，以防止用户数据被滥用。此外，语音识别和语音合成系统也需要能够识别和防止恶意指令的输入，确保系统的安全性。

表 4-1　语音处理技术主要挑战总结

技术挑战	描述	解决方法
噪声鲁棒性	语音识别和合成在噪声环境下容易失效，特别是在复杂背景音或多个说话者的情况下	噪声抑制技术、端到端深度学习模型、数据增强等
情感分析	识别和合成的语音需要传递准确的情感信息，特别是在客户服务等场景中	通过情感数据集训练深度神经网络，提高情感分类精度
实时处理能力	语音识别与合成需要在实时性要求高的应用中有效运行，如语音助手、导航等	轻量级模型、硬件加速（如 GPU、FPGA）、并行处理等
多语言适应性	多语言或方言环境下的语音识别与合成效果不佳，影响系统的普适性	开发跨语言模型，增加多语言训练数据，优化方言识别模型
个性化与自然化	在语音合成中，如何生成具有个性化且自然的语音，适应不同用户的需求	基于深度神经网络的个性化模型，如 WaveNet、Tacotron 等，允许根据用户需求调整语音风格
隐私与安全性	语音数据的隐私问题，包括数据收集、存储和传输中的泄露风险	加密技术、数据脱敏处理、语音合成中的安全认证、权限控制等技术保障数据隐私

（7）语音处理技术的未来趋势

随着 AI 技术的不断进步，语音处理技术也在不断发展。未来，语音处理将朝着更加智能化、个性化、实时化的方向发展，特别是深度学习和强化学习技术的应用，将进一步推动语音识别与合成的精度与效率提升。此外，随着硬件计算能力的提升，语音处理技术将逐步实现边缘计算，支持在更多设备上进行高效的实时语音处理。

通过跨学科的技术结合、数据的进一步积累和优化，语音处理技术将在未来实现更加人性化和多场景的应用，进一步推动人工智能在各个行业的渗透。

4.2 自动语音识别与文本到语音技术

语音技术作为人工智能的重要分支，已经在许多领域实现了广泛应用。自动语音识别（ASR，Automatic Speech Recognition）与文本到语音（TTS，Text-to-Speech）是其两大关键技术，前者的目标是将人的语音转化为机器可以理解的文本，而后者则是将文本转化为自然、流畅的语音。两者结合，在智能助手、客服系统、自动驾驶等场景中发挥着至关重要的作用。

4.2.1 ASR

自动语音识别（ASR）技术的核心任务是将人类语音转换为文本。在早期的语音识别系统中，基于模板匹配的方法被广泛应用，系统会将每个音素、音节、单词和句子匹配到预先录制好的模板中，然后通过计算相似度来识别出语音内容。尽管这一方法对于有限词汇和清晰语音环境下的识别准确性较高，但它对于噪声环境和口音差异的适应性较差。

随着技术的发展，隐马尔可夫模型（HMM，Hidden Markov Model）成为主流的语音识别方法，HMM能够很好地建模语音的时序特性，特别是在处理语音的时间序列数据时表现优异。与传统的模板匹配方法相比，HMM可以通过概率论来判断某一声学模型是否更符合输入语音的特征，因此大大提高了语音识别的准确性和适应性。

然而，HMM也有其局限性，尤其是在噪声环境中，HMM的识别效果往往大打折扣。为此，近年来，深度学习技术被引入到语音识别领域，尤其是深度神经网络（DNN）、卷积神经网络（CNN）和循环神经网络（RNN）等模型的应用，使得语音识别精度得到了进一步的提升，深度学习能够从大量的语音数据中学习特征表示，进而进行更为精确的语音识别。

目前，端到端的语音识别技术开始逐渐成为主流，端到端模型通过联合优化特征提取和模型训练过程，避免了传统方法中的多阶段处理过程。这些技术利用大规模的神经网络架构，如长短期记忆网络（LSTM）和Transformer模型，能够高效地从复杂的输入中提取时序特征，并直接输出文本结果。此类方法不仅提升了识别精度，还大大提高了实时处理的能力，极大地改善了语音识别的应用体验。

表 4-2 是语音识别技术演进。

表 4-2 语音识别技术演进

时间段	技术方法	特点
1950 ～ 1980 年代	模板匹配	适用于小词汇量，但对噪声敏感
1990 ～ 2000 年代	隐马尔可夫模型（HMM）	更好地处理语音的时序性
2010 年代至今	深度神经网络（DNN），端到端模型	提升了识别准确度与实时性

4.2.2 TTS

文本到语音（TTS）技术是将输入的文本信息转化为语音输出的技术。早期的 TTS 系统通过预录音片段拼接的方式将文本转化为语音，称为拼接合成，这种方法需要大量的语音数据和精细的音素库，拼接时会面临音质不自然、过渡不流畅等问题，因此虽然它能够生成较为真实的语音，但缺乏灵活性和自然度。

为了改善这一点，统计参数语音合成（Statistical Parametric Speech Synthesis，SPSS）应运而生，SPSS 使用统计模型来建模语音的声学特征，通过对语言特征和音频特征的联合建模，能够实现更为流畅且多变的语音合成。然而，这种方法依然存在一些问题，尤其是在音质和情感表达方面。

近年来，基于深度学习的神经网络语音合成技术，如 WaveNet、Tacotron 等，已成为 TTS 技术的主流。WaveNet 是由 DeepMind 提出的一种基于卷积神经网络的生成模型，通过对大量语音数据的训练，WaveNet 能够生成几乎接近人类语音的高质量音频。在此基础上，Tacotron 等端到端模型进一步优化了音频生成过程，能够生成更加自然流畅的语音，并在情感表达、语速变化等方面取得了显著突破。文本到语音技术演进过程见表 4-3。

这些先进的 TTS 技术使得语音合成不仅能够更好地模拟人类发音，还能适应不同语言、方言及个性化需求。因此，TTS 技术的应用已经遍及智能助手、电子书、语音导航、语音播报等多个领域。

表 4-3　文本到语音技术演进

时间段	技术方法	特点
1950～1980 年代	规则合成、拼接合成	语音自然度差，过渡不平滑
1990～2000 年代	统计参数合成（SPSS）	提升了语音流畅性和灵活性
2010 年代至今	深度学习合成（WaveNet、Tacotron 等）	高质量语音，情感丰富，流畅

总而言之，语音识别与语音合成技术已经取得了令人瞩目的进展。从早期的模板匹配到如今深度学习驱动的端到端模型，ASR 技术的准确性和应用场景不断扩展，而在 TTS 领域，神经网络模型使得语音合成质量不断提高，逐步向更自然、更真实的语音输出目标迈进。随着计算能力和数据集的不断增强，未来的语音技术将继续推动人工智能在各行各业的应用，尤其是在智能客服、智能家居、医疗健康等领域，发挥更大作用。

4.3　案例分析：智能家居语音助手

随着智能家居设备的普及，语音助手逐渐成为家庭自动化系统的重要组成部分。智能家居语音助手能够通过语音交互控制家居设备，如灯光、空调、电视等，提高用户的生活便利性和舒适度。本案例将介绍开发一个智能家居语音助手的过程，包括项目背景、技术选型、架构设计、实现步骤以及优化与部署等内容。

4.3.1　项目背景与需求分析

智能家居作为物联网的一部分，已经进入了许多家庭，设备种类繁多，包括智能灯光、智能门锁、智能温控设备等。用户希望能够更加方便地控制这些设备，传统的物理开关和应用程序操作方式虽然有效，但使用起来较为繁琐，而语音助手作为一种自然、直观的交互方式，可以大大提高用户的操作便捷性，尤其适用于家务繁忙时的操作。

为了满足这些需求，本项目旨在开发一个能够通过语音控制智能家居设备的语音助手。系统应具备以下功能：

语音识别：能够识别用户的语音指令并将其转化为文本。

设备控制：解析文本指令并通过适当的接口控制智能设备。

语音反馈：将操作结果反馈给用户，使系统更加智能化。

扩展性：能够支持不同厂商的设备，并具备未来扩展的可能性。

此项目的目标是开发一个简洁高效的语音助手，能够控制至少 3 种设备：灯光、空调和音响。用户通过简单的语音命令来实现设备的开关控制、温度调节等。

4.3.2 技术选型与架构设计

为了实现智能家居语音助手的功能，本项目选用了以下技术栈：

语音识别：选择 SpeechRecognition 库，它是一个基于 Python 的开源语音识别库，能够高效地将音频转化为文本。该库支持 Google Web Speech API，可以实现高准确率的语音识别。

语音合成：采用 pyttsx3 库，该库支持离线语音合成，能够自然流畅地反馈语音信息。

设备控制：选择基于 MQTT 协议的设备控制方式，MQTT 协议适用于物联网设备之间的通信，轻量且高效。通过订阅和发布消息，语音助手可以与智能设备进行交互。

框架设计：系统采用简单的客户端 - 服务器架构，客户端通过麦克风录入用户指令，服务器则负责分析指令并控制设备。所有数据交互都通过 MQTT 协议完成。

4.3.3 实现步骤与代码示例

实现步骤：

语音识别：使用 SpeechRecognition 库捕获麦克风输入并将其转换为文本。

指令解析：将语音识别结果与预设的指令进行匹配，识别设备控制命令（如“开灯”“关空调”等）。

设备控制：使用 paho-mqtt 库发布 MQTT 消息，控制家庭设备的开关。

语音反馈：通过 pyttsx3 库将操作结果转换为语音反馈给用户。

完整代码示例，图 4-1 是代码运行结果：

```
import paho.mqtt.client as mqtt
import speech_recognition as sr
import pyttsx3

# MQTT服务器设置
MQTT_BROKER="broker.hivemq.com"
MQTT_PORT=1883
MQTT_TOPIC="home/assistant/command"

# 初始化语音识别器
recognizer=sr.Recognizer()

# 初始化语音引擎
engine=pyttsx3.init()

# 连接MQTT服务器
def on_connect(client, userdata, flags, rc):
    print("连接成功，返回码："+str(rc))

# 语音识别函数
def recognize_speech():
    with sr.Microphone()as source:
        print("请说出您的指令：")
        audio=recognizer.listen(source)
    try:
        # 使用Google Speech API进行语音识别
        text=recognizer.recognize_google(audio, language="zh-CN")
        print(f"您说的是：{text}")
        return text
    except sr.UnknownValueError:
        print("无法理解您的语音，请重试。")
        return None
    except sr.RequestError:
        print("无法连接到语音识别服务。")
        return None
# 获取用户语音指令
command=recognize_speech()

# 发布MQTT控制命令
def control_device(command):
```

```
    client=mqtt.Client()
    client.on_connect=on_connect
    client.connect(MQTT_BROKER, MQTT_PORT, 60)

    # 连接后发布MQTT消息
    client.loop_start()

    # 解析指令并控制设备
    if "开灯" in command:
        client.publish(MQTT_TOPIC, "LIGHT_ON")
    elif "关灯" in command:
        client.publish(MQTT_TOPIC, "LIGHT_OFF")
    elif "开空调" in command:
        client.publish(MQTT_TOPIC, "AC_ON")
    elif "关空调" in command:
        client.publish(MQTT_TOPIC, "AC_OFF")
    else:
        print("无法识别指令")

    # 停止MQTT客户端的连接
    client.loop_stop()
# 语音反馈函数
def speak(text):
    engine.say(text)
    engine.runAndWait()

# 进行设备控制
if command:
    control_device(command)
    speak(f"已执行：{command}")
else:
    speak("未能识别您的指令，请再试一次。")
```

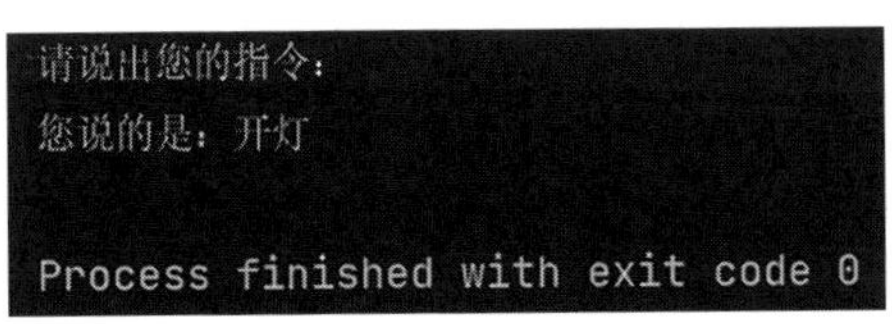

图 4-1 代码运行结果

4.3.4 部署与优化

（1）部署

硬件部署：部署系统时需要配备麦克风、扬声器以及可以接入智能设备的硬件（如智能灯泡、空调等），可以选择基于树莓派（Raspberry Pi）等低功耗设备进行部署。

环境配置：确保所有设备和传感器已经正确配置，并能够通过 MQTT 协议进行控制，同时，确保 MQTT 服务器的运行稳定。

语音识别优化：语音识别的准确性受到环境噪声、口音、语速等因素的影响，为了提高准确性，可以选择合适的麦克风和录音环境，或使用更强大的语音识别引擎。

系统拓展：随着智能家居设备的增多，系统应支持更多设备的接入。例如，增加语音指令来控制智能门锁、家居安防等设备，通过调整指令解析模块，可以轻松实现对新设备的支持。

（2）优化

响应时间优化：为了提升用户体验，系统响应时间应该尽可能短，可以优化 MQTT 消息的传输速度，减少延迟。

语音识别准确性：可以通过训练自定义语音模型，提升语音识别的准确性，尤其是在嘈杂环境下。

设备控制智能化：结合用户的使用习惯，增加设备控制的智能化。例如，当用户说“开空调”时，可以根据室内温度自动调节空调温度，而不是简单地开关设备。

5. 推荐系统

5.1 推荐系统概述

推荐系统（Recommendation Systems，RS）作为一种基于数据的智能算法，已经成为了互联网技术中的核心组成部分，它的主要目的是根据用户的兴趣和行为，自动推送个性化的内容或产品，广泛应用于电商、社交媒体、新闻平台、在线视频等领域。随着大数据和人工智能技术的迅猛发展，推荐系统的性能也得到了显著提升，从最初的简单算法发展到如今的深度学习模型。

推荐系统的核心任务是为每个用户提供个性化的推荐，从而提升用户的体验，增加平台的粘性，并最终实现商业转化。随着用户行为数据的积累，推荐系统不断通过算法优化，实现更加精准的内容推送，形成了深度个性化的推荐场景。

5.1.1 推荐系统的基本概念

推荐系统的基本概念可以追溯到它的目标：根据用户的历史行为和偏好，向其推荐可能感兴趣的内容。推荐系统的工作原理通常基于以下几个核心概念：

用户偏好（User Preferences）：用户偏好是推荐系统的核心，通常由用户的浏览、购买、评分等行为数据推断而来。每个用户的偏好是动态变化的，因此推荐系统需要实时更新用户的兴趣模型。

物品特征（Item Features）：物品特征指的是被推荐的内容或产品的属性。对于电商平台而言，这些特征可能包括价格、品牌、类型、销量等；对于电影推荐系统，特征可能包括导演、演员、类型、评分等。

相似性度量（Similarity Metrics）：推荐系统通常基于用户与用户、物品与物品之间的相似性度量来进行推荐。常见的度量方法包括余弦相似度、皮尔逊相关系数等。

冷启动问题（Cold Start Problem）：冷启动问题是指当新用户或新物品进入系统时，由于缺乏足够的历史数据，推荐系统很难为其提供准确的推荐。这个问题是推荐系统中非常重要且具有挑战性的难题。

协同过滤与内容过滤：协同过滤（Collaborative Filtering）和内容过滤（Content-Based Filtering）是两种最常见的推荐方法。协同过滤依赖于用户之间的相似性或物品之间的相似性来进行推荐，而内容过滤则根据物品的属性和用户的历史行为来进行推荐。

5.1.2 常见的推荐算法

推荐算法通常分为三大类：协同过滤、内容过滤和混合推荐，每种算法都有其适用的场景和优势。

（1）协同过滤

协同过滤是最广泛应用的推荐算法之一，基于用户与用户或物品与物品之间的相似性进行推荐。协同过滤方法主要分为两种：基于用户的协同过滤和基于物品的协同过滤，如表 5-1 所示。

表 5-1　基于用户与基于物品的协同过滤的比较

项目	基于用户的协同过滤	基于物品的协同过滤
优点	用户兴趣变化较小时效果较好	在物品数量大时，性能更稳定
缺点	需要频繁更新用户相似度矩阵	需要较大的物品相似度矩阵计算开销
适用场景	新用户较少或用户行为较少的情况	物品数量较多，且用户行为数据多的场景

基于用户的协同过滤（User-based Collaborative Filtering）：该方法通过找到与目标用户有相似兴趣的其他用户，来推测目标用户可能感兴趣的物品。其基本假设是：如果用户 A 与用户 B 在过去喜欢相似的物品，那么 A 可能也会喜欢 B 喜欢的其他物品。

基于物品的协同过滤（Item-based Collaborative Filtering）：该方法则通过找

到与目标物品相似的其他物品来进行推荐。如果用户喜欢某个物品，那么系统会推荐与之相似的物品，这种方法通常比基于用户的协同过滤更为稳定，尤其是在用户数量较多时。

（2）内容过滤

内容过滤算法依据物品的属性与用户历史行为的匹配来推荐物品，这种方法的主要优势在于不需要依赖其他用户的数据，因此解决了“冷启动”问题。比如，在电影推荐系统中，如果用户喜欢某个特定类型的电影，系统可以根据其他具有相似属性的电影进行推荐。

内容过滤的挑战在于如何提取有效的物品特征，以及如何表示用户的兴趣，这通常依赖于文本分析、图像分析或其他特征工程方法。

（3）混合推荐

混合推荐算法结合了协同过滤和内容过滤的优势，弥补了各自的不足。在实际应用中，混合推荐方法通常会根据数据的特性或需求的不同，动态地调整协同过滤与内容过滤的比重，从而优化推荐效果。

常见的混合方法包括加权混合（将不同推荐模型的结果加权求和）和级联混合（将一个推荐模型的结果作为另一个模型的输入），这种方法通常能在准确性和新颖性之间找到一个更好的平衡。

（4）深度学习推荐

近年来，随着深度学习的兴起，深度学习推荐算法逐渐成为推荐系统领域的热门方向。深度学习能够在处理大量非结构化数据（如文本、图像等）时展现出强大的能力，从而进一步提升推荐的准确性。

深度学习推荐算法的关键技术包括神经协同过滤、深度学习的自动编码器以及生成对抗网络（GAN）等，通过深度神经网络，系统能够学习更为复杂的用户行为模式，进而做出更加个性化的推荐。

总而言之，推荐系统已经从最初的简单算法发展成了多样化且高度智能化的应用，深度学习的引入进一步推动了推荐系统在个性化精准推荐方面的进展。在选择合适的推荐算法时，需要根据具体的业务需求、数据情况和资源条件做出决策，常见推荐算法的特点如表 5-2 所示。未来，推荐系统将越来越趋向于深度个性化，同时也将在多个行业领域发挥越来越重要的作用。

表 5-2　常见推荐算法的特点

算法类型	优点	缺点	适用场景
协同过滤 （用户 / 物品）	简单，易于实现	冷启动问题，稀疏矩阵问题	具有大量用户行为数据的系统
内容过滤	不依赖其他用户数据	需要提取高质量的物品特征	新物品推荐，缺乏用户历史的情况
混合推荐	综合优点，性能更好	实现复杂，需要较多计算资源	各种业务场景，尤其是数据丰富的系统
深度学习推荐	能处理复杂的数据关系	需要大量数据与计算资源，训练时间长	用户行为数据复杂，尤其是文本和图像数据

5.2　个性化推荐技术

个性化推荐是推荐系统中的一个核心问题，旨在通过分析用户的历史行为、兴趣偏好以及社交关系，为用户提供量身定制的推荐内容。在互联网应用中，个性化推荐技术的广泛应用大大提高了信息的传播效率，也提高了用户的参与度和平台的商业转化率。常见的个性化推荐技术包括协同过滤、基于内容的推荐以及混合推荐系统，每种技术都有其独特的优势和适用场景，选择合适的技术可以显著提高推荐系统的效果。

5.2.1　协同过滤

如表 5-3 所示，协同过滤的优势在于它不依赖于物品的任何特征，只依赖于用户的行为数据，使得它在处理无标注数据时非常有效。然而，它也存在一些问题，如冷启动问题、稀疏性问题以及计算复杂度问题。

表 5-3　协同过滤的优缺点

优点	缺点
无需物品特征，依赖用户行为数据	冷启动问题（新用户或新物品推荐困难）
适合大规模数据，能够发现潜在兴趣	稀疏性问题（用户 - 物品评分矩阵稀疏）
易于实现，适用于多数应用场景	计算复杂度高，特别是基于用户的协同过滤

5.2.2 基于内容的推荐

基于内容的推荐是一种通过物品本身的特征信息进行推荐的技术。与协同过滤不同，基于内容的推荐不依赖于其他用户的行为数据，而是通过分析物品的内容特征（如文章的关键词、电影的类型、商品的品牌等）来向用户推荐相似的物品。基于内容的推荐特别适合于冷启动问题，尤其是当新用户还没有足够的行为数据时，基于内容的推荐仍然能够基于物品的属性进行推荐。

基于内容的推荐的核心思想是“喜欢历史上与某个物品相似的物品”。在实现时，通常需要对物品进行特征提取，例如将电影的类型、导演、演员等信息转化为特征向量，然后与用户历史行为中感兴趣物品的特征进行比较，生成推荐结果。

例如，如果一个用户喜欢科幻类型的电影，系统可以基于电影的类型、导演、演员等特征，向用户推荐其他类似的科幻电影。基于内容的推荐非常适用于那些可以明确描述物品特征的应用场景，如新闻推荐、电影推荐、书籍推荐等。

如表 5-4 所示，基于内容推荐的优势在于它可以避免冷启动问题，并且能够根据用户的个人兴趣提供精准的推荐。然而，它也有一些局限性，例如过于局限于用户历史数据，难以发现用户的潜在兴趣。

表 5-4 基于内容推荐的优缺点

优点	缺点
无需其他用户行为数据，避免冷启动问题	难以发现用户的潜在兴趣
可以精准地根据用户兴趣进行推荐	推荐的多样性较差，可能推荐相似的物品
推荐结果具有较高的个性化程度	对于物品内容的特征要求较高

5.2.3 混合推荐系统

混合推荐系统将多种推荐策略结合起来，从而克服单一推荐方法的缺陷。混合推荐通常将协同过滤与基于内容的推荐结合，或者结合多个协同过滤方法、基于模型的方法等，综合不同算法的优点，提高推荐系统的性能。

混合推荐可以采用多种方式来实现：

加权混合（Weighted Hybrid）：根据不同算法的效果，给每个推荐算法分配不同的权重，并通过加权方式生成最终的推荐结果。例如，系统可以将基于用户的协同过滤推荐和基于物品的协同过滤推荐结果加权平均，从而得到综合推荐结果。

级联混合（Cascade Hybrid）：先通过某种算法（如协同过滤）筛选出候选物品，再通过另一种算法（如基于内容的推荐）对候选物品进行排序或过滤，生成最终的推荐结果。

特征混合（Feature Combination）：将不同推荐算法的特征融合为一个统一的特征集，然后通过机器学习算法（如支持向量机、决策树等）进行学习和推荐。

如表 5-5 所示，混合推荐的优势在于能够同时利用不同推荐算法的优点，尤其能够有效解决冷启动和稀疏性问题。然而，混合推荐也面临一定的挑战，主要体现在如何合理地融合不同算法的结果，以及计算资源和时间成本较高。

表 5-5　混合推荐的优缺点

优点	缺点
综合多种推荐策略，提高准确性	算法复杂，开发难度较高
能够克服单一算法的局限性	计算开销大，可能导致系统性能下降
提升多样性和推荐精度	融合不同算法的结果可能需要额外的优化

总之，个性化推荐技术是构建高效推荐系统的核心，它不仅依赖于精准的算法选择，还涉及到多种算法的合理组合。协同过滤、基于内容的推荐和混合推荐各有其优势和局限，理解这些技术的特点并根据应用场景进行合理选择，将有助于提升推荐系统的性能和用户体验。随着技术的不断进步，个性化推荐系统将越来越智能化，能够根据更细致的用户画像和行为分析提供更加精准和个性化的推荐服务。

5.3　案例分析：电商推荐系统

在电商平台中，推荐系统的作用至关重要，它不仅帮助用户快速找到感兴趣的商品，还能够大幅提高用户粘性、转化率和平台收入。电商推荐系统的目标是通过分析用户的历史购买记录、浏览行为、搜索历史等，提供个性化的商品推荐，增强用户体验。本文将通过一个电商推荐系统的案例，详细分析其项目背景与需求、技术选型与架构设计、实现步骤与代码示例，以及部署与优化的过程。

5.3.1 项目背景与需求分析

在一个典型的电商平台中，用户经常面临海量商品的选择，为了提升用户体验，减少用户在商品选择上的决策时间，平台需要提供个性化推荐。推荐系统的基本功能是为用户推荐他们可能感兴趣的商品，进而促进购买行为的发生。

本项目的电商推荐系统将根据用户的购买历史、浏览记录、收藏商品等数据，为每个用户生成个性化的推荐列表。用户登录电商平台时，推荐系统会展示一系列符合其兴趣的商品，包括潜在的热销商品、新品推荐、以及个性化的商品推送。

需求分析：

用户画像构建：基于用户的历史行为（如浏览记录、点击记录、购买记录、评价数据等），构建用户画像。

商品推荐：为每个用户提供个性化商品推荐，推荐列表应包含用户感兴趣的商品。

实时推荐：推荐系统需能够实时更新商品推荐，适应用户的最新行为。

系统性能：在高并发场景下，系统需要处理大规模用户数据和商品数据，确保推荐的实时性和准确性。

可扩展性：随着平台的扩展，推荐系统需要能够轻松集成新的推荐算法，扩展功能和性能。

5.3.2 技术选型与架构设计

（1）技术选型

在本项目中，推荐系统主要基于以下技术进行开发：

Python：作为数据科学和机器学习领域的主流语言，Python 具有丰富的库和框架，适用于数据分析、特征工程、模型训练等任务。

Pandas：用于数据清洗和处理，能够方便地处理结构化数据，如用户行为数据、商品数据等。

Scikit-learn：作为一个常用的机器学习库，Scikit-learn 提供了大量的分类、回归和聚类算法，可以用于构建推荐模型。

Collaborative Filtering：基于用户行为数据，采用协同过滤算法来实现个性化推荐。

Flask/Django：作为 Web 框架，Flask 和 Django 将帮助开发推荐系统的 API 接口和前端展示部分。

Redis：用于缓存推荐结果，提升系统性能，减少重复计算。

（2）系统架构设计

电商推荐系统的架构设计应确保高效的推荐结果计算与快速的推荐展示，系统的主要组成部分包括：

数据采集层：收集用户的行为数据、商品数据、以及平台的其他业务数据。这些数据将通过日志收集工具、数据库等进行汇总，存入数据仓库。

数据处理层：对收集的数据进行清洗、去重、处理和特征工程，以便为后续的推荐算法提供高质量的输入数据。

推荐引擎层：通过协同过滤算法（基于用户或基于物品）计算用户的个性化推荐列表。推荐引擎还可以结合基于内容的推荐、混合推荐等算法来提升推荐质量。

API 服务层：通过 Flask 或 Django 等 Web 框架，将推荐系统的服务封装成 API，供前端展示和调用。

缓存层：使用 Redis 对推荐结果进行缓存，以提高查询速度并减少计算开销。

前端展示层：将推荐结果展示给用户，可以在网站或移动端进行实时更新和展示。

5.3.3 实现步骤与代码示例

本项目采用基于用户的协同过滤算法来构建推荐系统，我们将首先构建一个简单的用户 - 商品评分矩阵，然后基于这个矩阵计算相似度，生成个性化推荐。

步骤一：数据准备。我们需要用户的历史行为数据（表 5-6），包括用户 ID、商品 ID 和评分等信息。假设我们有一个简单的数据集，数据如下：

表 5-6　用户历史行为数据集

用户 ID	商品 ID	评分
1	101	5
1	102	3
2	101	4
2	103	2
3	102	5
3	104	3

步骤二：构建用户 - 商品评分矩阵。使用 Pandas 来处理数据，并构建用户 - 商品评分矩阵。

步骤三：计算用户之间的相似度。使用余弦相似度来计算用户之间的相似度。

步骤四：生成推荐结果。根据计算出的相似度，我们可以为用户推荐其他用户喜欢的商品。

完整代码示例，图 5-1 是为用户 1 生成的推荐结果：

```
import pandas as pd
import numpy as np
from sklearn.metrics.pairwise import cosine_similarity

# 创建用户-商品评分数据
data={
    'user_id': [1, 1, 2, 2, 3, 3],
    'item_id': [101, 102, 101, 103, 102, 104],
    'rating': [5, 3, 4, 2, 5, 3]
}
df=pd.DataFrame(data)

# 构建用户-商品评分矩阵
rating_matrix=df.pivot(index='user_id', columns='item_id',
values='rating').fillna(0)

# 计算用户之间的余弦相似度
cosine_sim=cosine_similarity(rating_matrix)
```

```
# 推荐函数
def recommend(user_id, rating_matrix, cosine_sim, top_n=2):
    # 获取用户与其他用户的相似度
    sim_scores=cosine_sim[user_id-1]

    # 获取与目标用户最相似的用户
    similar_users=sim_scores.argsort()[-top_n:][::-1]

    # 推荐相似用户喜欢的商品
    recommendations=[]
    for sim_user in similar_users:
        if sim_user !=user_id-1:
            # 将rating_matrix的Series转换为numpy数组，然后使用 nonzero
            nonzero_indices=np.nonzero(rating_matrix.iloc[sim_user].values)[0]

            # 将索引位置映射为实际商品ID
            recommended_items=rating_matrix.columns[nonzero_indices].tolist()
            recommendations.extend(recommended_items)

    # 去重并返回推荐的商品ID
    return list(set(recommendations))

# 为用户1生成推荐(以用户1为例)
user_id=1
recommended_items=recommend(user_id, rating_matrix, cosine_sim)
print(f"为用户{user_id}推荐的商品ID:{recommended_items}")
```

图 5-1 为用户 1 生成的推荐结果

5.3.4 部署与优化

在系统开发完成后，下一步是部署和优化，推荐系统需要高效、可扩展，并能实时提供更新的推荐结果。

部署：推荐系统可以部署为 API 服务，供前端展示调用。可以使用 Flask 或 Django 等 Web 框架构建 API，使用 Nginx 进行负载均衡，确保高并发请求下的稳定性。

缓存优化：在高并发情况下，计算推荐结果可能会消耗大量计算资源，因此可以使用 Redis 缓存推荐结果。缓存可以有效减少重复计算，提高推荐响应速度。

离线计算与实时推荐结合：在初期阶段，推荐系统可以离线批量计算用户的推荐列表，并在需要时提供给用户。随着系统的完善，可以结合实时推荐技术，动态更新用户推荐列表，进一步提升用户体验。

推荐系统的优化还包括算法改进、数据特征的细化以及计算效率的提升，通过持续的优化迭代，使推荐效果不断改善。

电商推荐系统通过个性化的推荐服务，不仅提升了用户体验，也为平台带来了更高的转化率和用户粘性。在技术选型上，基于用户行为数据的协同过滤算法是构建推荐系统的核心方法之一，通过构建用户 - 商品评分矩阵，计算用户相似度，并生成个性化推荐，可以有效满足用户的需求。同时，优化和部署环节也至关重要，确保推荐系统的高效性和可扩展性。

6. 自动驾驶

6.1 自动驾驶概述

自动驾驶技术，亦称无人驾驶或自驾车技术，是指利用计算机系统、传感器、人工智能（AI）、机器学习等技术，使得汽车能够在没有人工干预的情况下完成从起点到目的地的行驶。随着人工智能、深度学习、传感器技术、云计算等领域的进步，自动驾驶在近年来得到了极大的发展，并在多个国家和地区的道路上进行测试和应用。

自动驾驶的核心目标是实现更高效、更安全、更舒适的出行体验，相比于传统驾驶方式，自动驾驶能够减少人为驾驶员的错误，降低交通事故的发生率，改善交通流量和环境污染。因此，自动驾驶技术的研究不仅仅局限于车辆制造商，还吸引了许多科技公司、学术机构和政府部门的参与。

在自动驾驶技术的演进过程中，逐步通过各种技术的融合和突破，自动驾驶已逐渐从实验室走向现实世界，开始在部分地区的道路上进行实际应用。特别是随着车辆感知、决策、控制等关键技术的突破，自动驾驶正在向更高的自动化水平发展。

6.1.1 自动驾驶技术的发展历程

自动驾驶技术的历史可以追溯到20世纪中期，虽然当时的技术条件和认识并未成熟，但已开始有学者和工程师提出与之相关的构思。最早的自动驾驶车辆的设计灵感来源于人类对交通安全、交通效率的需求，以及对驾驶员工作负担的减轻。

（1）1950 年代：初步的理论提出

自动驾驶的早期探索主要局限于理论的提出，最早的相关技术构想出现在 1950 年代，科学家们开始设想如何利用机器来模拟驾驶员的操作。美国的科学家提出过一种通过汽车安装传感器，能够自动调节速度与方向的方法，虽然那时的技术并不成熟，但为后来的研究铺设了道路。

（2）1980 年代：自动驾驶的初步尝试

到了 1980 年代，自动驾驶技术的开发开始进入实质性的阶段。1986 年，德国的卡尔斯鲁厄大学的团队成功研制出了名为“Prometheus”的自动驾驶原型车，尽管这些车辆仍需人工干预，但它们能够完成简单的驾驶任务，例如保持车道。

（3）2000 年代：技术突破与实际测试

进入 21 世纪后，随着计算机技术、人工智能、传感器技术等的进步，自动驾驶技术迎来了爆发式的发展。2004 年，美国国防高级研究计划局（DARPA）举办了首届自动驾驶汽车竞赛，虽然首届竞赛的结果并不理想，但它推动了技术的快速发展。之后，Google、特斯拉等科技公司和汽车制造商开始大力投入自动驾驶研发，并在 2010 年代初推出了部分自动驾驶功能，如自动泊车、自适应巡航控制等。

（4）2010 年代：商业化进程加速

2015 年，特斯拉推出了名为“Autopilot”的半自动驾驶系统，标志着自动驾驶技术进入了更为广泛的商业化应用阶段。随着各大科技公司和汽车厂商的加入，自动驾驶的研发逐步加速，2016 年，百度宣布推出其“阿波罗”自动驾驶平台，进一步推动了自动驾驶的商业化进程。

2018 年，Waymo（Google 母公司 Alphabet 旗下的自动驾驶部门）宣布其无人驾驶出租车项目正式开始商业化，在美国的部分城市进行运营。随着这一事件的发生，自动驾驶开始逐步走向日常生活，特别是在物流、出租车和共享出行领域。

（5）2020 年代：自动驾驶技术的成熟与普及

进入 2020 年代，自动驾驶技术的普及和商业化应用取得了显著进展，越来越多的无人驾驶测试车辆出现在全球范围的道路上，部分城市甚至开始引入无人驾驶出租车服务。尽管在全球范围内仍然存在监管和法律等面的挑战，特斯拉的“全自动驾驶（FSD）”系统已经具备了较为完整的自动驾驶能力。

然而，尽管自动驾驶技术取得了很多成就，但它仍然存在一定的技术难题和伦理法律问题，尤其是在复杂环境下的决策和安全性方面，自动驾驶仍然面临较大的挑战。

6.1.2　自动驾驶的核心技术

自动驾驶技术由多个相互交织的核心技术组成，包括传感技术、环境感知、决策与控制、以及车载网络和通信等方面，每项技术都起着至关重要的作用，共同支撑着自动驾驶系统的运作。

（1）传感器技术

传感器是自动驾驶系统的“眼睛”，用于感知周围环境。常见的传感器包括激光雷达（LiDAR）、毫米波雷达、摄像头、超声波传感器等，这些传感器能够采集车辆周围的实时信息，帮助自动驾驶系统做出决策。

激光雷达（LiDAR）：通过激光扫描来生成环境的高精度三维图像，能够在各种天气条件下提供可靠的测距和定位信息。

毫米波雷达：能够穿透雨雪等恶劣天气，检测到远距离的物体，对于远程障碍物的检测具有重要作用。

摄像头：通过捕捉图像信息，摄像头能够识别交通标志、车道线、行人等。

超声波传感器：用于近距离的物体检测，如自动泊车时的障碍物探测。

（2）环境感知与建图

环境感知是自动驾驶的关键环节。通过融合多种传感器数据，自动驾驶系统能够实时感知周围的交通环境，识别障碍物、交通信号、行人、其他车辆等。

在这个过程中，自动驾驶系统需要利用 SLAM（同步定位与建图）技术，不断更新和优化环境地图，SLAM 技术可以实现实时的定位和地图构建，确保自动驾驶车辆在未知道路环境中的安全行驶。

（3）决策与规划

在感知到周围环境后，自动驾驶系统需要做出决策并规划车辆的行驶路径，该过程由自动驾驶车辆的控制系统负责，通过算法和模型来决定最安全、最有效的行驶方式。

路径规划：基于感知数据和预定目标，计算车辆行驶的最佳路径。

行为决策：决策模块通过对交通场景的综合分析，判断何时加速、减速、变道、停车等，以确保安全和舒适的驾驶体验。

（4）控制与执行

控制系统是自动驾驶技术的“执行者”，其主要任务是将决策系统的输出转化为车辆的具体动作，包括控制油门、刹车、转向等，以实现自动驾驶的目标。控制系统的高效性和响应速度直接影响到自动驾驶系统的稳定性和安全性。

如表 6-1 所示，自动驾驶的核心技术涉及多个领域，需要跨学科的知识和技术融合，才能实现从感知到决策的全链条自动化。随着技术的不断进步，未来的自动驾驶系统将更为智能、安全和高效，逐步进入人们的日常生活。

表 6-1　自动驾驶核心技术组成

技术类别	技术细节	功能描述
传感器技术	激光雷达、毫米波雷达、摄像头、超声波传感器等	提供环境信息，感知周围障碍物、行人、车道等
环境感知与建图	SLAM（同步定位与建图）、传感器数据融合技术	实时感知周围环境，建立和更新道路地图，定位车辆
决策与规划	路径规划算法、行为决策模型	根据环境信息和目标，规划最优行驶路径并做出驾驶决策
控制与执行	油门、刹车、转向控制系统	根据决策结果控制车辆的加减速、转向等行为，执行自动驾驶任务

6.2　环境感知与决策控制

自动驾驶技术的核心之一是环境感知与决策控制，环境感知能够让车辆“看到”周围的世界，并准确判断当前的驾驶环境，而决策控制则是将感知结果转化为具体的驾驶行为。环境感知与决策控制的技术通常依赖于多种传感器的协同工作、复杂的算法以及实时计算，通过对传感器数据的分析和融合，自动驾驶系统能够做出精确的决策，并控制车辆的运动。

6.2.1 传感器融合技术

传感器融合技术是自动驾驶系统中至关重要的组成部分，它通过将来自不同传感器的数据进行综合分析，提供更为准确和稳定的环境感知能力。每种传感器都有其优势和局限性，例如，摄像头可以提供详细的视觉信息，但对光照条件敏感；激光雷达则能提供高精度的距离信息，但成本较高；毫米波雷达在雨雪等恶劣天气下表现良好，但图像分辨率较低。因此，将多种传感器的信息进行融合，能够弥补单一传感器的不足，从而提高系统的整体性能。

传感器融合技术的基本思路是通过数据融合算法，将来自不同传感器的信息进行整合，形成一个更加全面和准确的环境模型。常见的数据融合方法包括加权平均法、卡尔曼滤波（Kalman Filter）、粒子滤波（Particle Filter）等。卡尔曼滤波是一种常见的线性动态系统估计方法，它能够通过状态预测和测量更新来优化传感器数据，从而提高定位精度；粒子滤波则是一种基于蒙特卡洛方法的非线性估计算法，能够更好地应对复杂环境中的不确定性。

传感器融合的一个关键挑战是如何处理不同传感器数据的时空差异，传感器数据通常存在时间延迟，且每个传感器的数据可能包含噪声或误差。因此，如何在融合过程中进行数据同步、去噪和误差校正，是实现高效融合的关键。

例如，激光雷达可以准确地检测到障碍物的距离和形状，而摄像头可以帮助识别障碍物的类型，如行人、车辆或交通标志。通过将这两种传感器的优势结合，自动驾驶系统能够在各种复杂场景中更加准确地感知周围环境，做出合适的反应。

传感器融合的结果是一个高度可靠的环境感知模型，它为后续的路径规划和决策控制提供了基础，这种感知模型能够描述周围的道路状况、障碍物的位置以及动态变化，为自动驾驶车辆的行为决策提供必要的信息。

6.2.2 路径规划与决策控制

路径规划与决策控制是自动驾驶系统中最具挑战性和技术含量的部分之一。路径规划的任务是根据环境感知结果和驾驶目标，计算出一条最优路径，并在动态环境下不断调整；决策控制则是根据路径规划结果，指挥车辆执行具体的驾驶操作，如加速、刹车、转向等。

路径规划的目标是确定从起点到目的地的最短路径，同时考虑到障碍物、交通规则、车辆动力学等因素，常见的路径规划方法有图搜索算法、优化算法和采样算法等。图搜索算法通过将道路网络建模为图形，利用搜索算法（如 A* 算法或 Dijkstra 算法）来寻找最短路径；优化算法则通过构造一个目标函数，利用优化技术（如遗传算法、粒子群优化等）寻找最优路径；采样算法则通过随机采样的方法，探索高维空间中的可行路径，例如常见的 RRT（Rapidly-exploring Random Tree）算法。

在实际应用中，路径规划往往需要实时处理大量的动态信息，例如，交通信号灯的变化、行人的突然出现、前方车辆的变道等都可能影响路径规划的结果。因此，路径规划不仅仅需要计算出一条静态的最短路径，还需要在行驶过程中不断调整，以应对动态变化。

决策控制则是在路径规划的基础上，进一步将决策转化为车辆的具体动作。决策控制系统需要处理的是如何根据环境感知和路径规划结果，精确地控制车辆的加速、减速、转向等操作，以确保安全、平稳地完成驾驶任务。常见的控制算法包括 PID 控制（比例 - 积分 - 微分控制）、MPC（Model Predictive Control，模型预测控制）和强化学习等。

PID 控制算法是一种常用的经典控制方法，它通过调整比例、积分和微分三个参数来实现车辆的精确控制。PID 控制算法在低速行驶和简单场景下表现较好，但在复杂的动态环境中，可能存在响应过慢或控制不稳定的情况。为了解决这些问题，MPC 成为一种更加先进的控制方法，MPC 通过构建车辆的动力学模型，利用优化方法进行实时路径预测和控制，是一种能够考虑约束条件和多种因素的高级控制方法。

表 6-2 是路径规划与决策控制的主要技术。

表 6-2　路径规划与决策控制的主要技术

技术类别	主要技术	优势与挑战
路径规划	A* 算法、Dijkstra 算法、RRT、优化算法	能够提供最短路径或最优路径，挑战在于应对动态变化的环境
决策控制	PID 控制、MPC、强化学习	能够精确控制车辆运动，挑战在于实时性和应对复杂环境的能力

随着深度学习和强化学习技术的发展，基于深度神经网络的控制方法也逐渐得到了应用。强化学习通过不断与环境交互，学习最优的控制策略，尤其适用于

复杂、不确定的环境，通过训练，强化学习能够在复杂的驾驶场景中自主学习并做出决策。

路径规划和决策控制并不是孤立存在的，而是需要协同工作的。传感器融合为决策提供了实时的环境数据，而路径规划和决策控制则根据这些数据实时调整车辆的运动轨迹和行为。为了实现这一目标，自动驾驶系统需要对车辆的动力学模型有深入了解，能够实时计算出最合适的加减速、转向角度等控制命令。

路径规划与决策控制的过程需要处理复杂的动态变化，并且要根据实时感知的信息进行调整，为了使自动驾驶系统更加智能和稳定，研究者们不断在算法的精度和执行效率方面进行改进。例如，在城市复杂道路中，自动驾驶车辆需要能够应对各种突发情况，如前方车辆的急刹车、行人的不规则穿行、红绿灯的变化等，决策控制系统必须具有快速响应和适应变化的能力。

总的来说，传感器融合技术和路径规划与决策控制系统共同构成了自动驾驶车辆的大脑，它们通过不断的数据交换和计算，确保车辆能够在复杂的交通环境中自主、安全、智能地完成驾驶任务。这些技术的不断发展和优化，正是自动驾驶从实验室走向市场、从概念走向现实的重要支撑。

6.3 案例分析：自动驾驶系统

自动驾驶技术的应用逐步进入各行各业，成为许多企业创新的重点领域。自动驾驶系统通过高度集成的软硬件平台，实现车辆的自动驾驶、环境感知、决策控制等功能，能有效减少交通事故、提高交通效率、降低驾驶员疲劳度，并带来更为智能化的出行体验。本节将通过一个自动驾驶系统的案例分析，详细介绍项目的背景与需求分析、技术选型与架构设计、实现步骤与代码示例以及部署与优化的过程。

6.3.1 项目背景与需求分析

本项目旨在开发一套自动驾驶系统，该系统能够在特定道路环境下完成车辆的自主驾驶任务，包括环境感知、路径规划、决策控制和执行功能。项目的需求分析主要集中在以下几个方面：

（1）系统的基本功能要求

环境感知：自动驾驶系统需要具备高精度的环境感知能力，通过传感器收集周围环境的数据，并进行数据融合与处理，系统能够检测并识别路标、交通信号灯、行人、障碍物、其他车辆等。

路径规划与决策：系统需要能够实时根据感知信息和目标位置，进行路径规划和决策控制。路径规划应考虑道路交通规则、障碍物以及动态环境等因素，决策控制要能够实时指挥车辆进行加速、减速和转向等操作。

驾驶执行：系统需要能够精准控制车辆的油门、刹车、方向盘等硬件设备，使得车辆能够按规划路径稳定行驶。

（2）系统的技术要求

高可靠性与安全性：自动驾驶系统必须保证高度的可靠性与安全性，能够应对复杂的交通环境和突发情况，如紧急刹车、行人横穿马路等。

低延迟与实时性：为了保证车辆能够应对快速变化的道路状况，系统的感知与决策过程需要具备低延迟和实时性。

可扩展性与兼容性：系统应具备良好的可扩展性，能够适应不同的硬件平台，并且与现有的交通管理系统兼容。

6.3.2 技术选型与架构设计

在自动驾驶系统的设计过程中，技术选型和架构设计至关重要，系统架构一般分为感知层、决策层和执行层，每一层都有不同的技术需求和实现方式。

（1）技术选型

传感器技术：为了实现高精度的环境感知，本系统选择了激光雷达（LiDAR）、毫米波雷达、摄像头和超声波传感器作为主要的传感器组合。激光雷达能够提供精确的三维距离信息，毫米波雷达在恶劣天气下具有较好的表现，摄像头能够提供丰富的视觉信息，而超声波传感器则用于近距离物体的检测。

环境感知与数据融合：数据融合部分选择了卡尔曼滤波（Kalman Filter）技术，卡尔曼滤波能够融合来自不同传感器的数据，提高定位精度，尤其适用于动态环境中的实时数据处理。

路径规划与决策控制：路径规划算法采用了 RRT（Rapidly-exploring Random Tree）算法，RRT 能够快速探索高维空间，找到最优的路径。决策控制则采用了基于模型预测控制（MPC）的算法，MPC 能够动态优化路径规划，并实时调整车辆行为，确保安全性与舒适性。

（2）系统架构设计

感知层：由多个传感器（LiDAR、毫米波雷达、摄像头、超声波传感器）组成，负责获取环境数据并进行预处理，数据处理模块将原始传感器数据进行融合，生成环境模型，并实时更新。

决策层：主要负责路径规划和行为决策，使用 RRT 算法进行路径生成，结合 MPC 算法控制车辆的运动。决策层还需要考虑交通信号、行人、其他车辆等动态因素。

执行层：根据决策层生成的控制命令，执行层负责控制车辆的油门、刹车、转向等操作，确保车辆按照规划的路径行驶。

6.3.3 实现步骤与代码示例

（1）环境感知与数据融合

首先，需要从传感器获取原始数据，并对其进行预处理和融合。以下是一个简单的卡尔曼滤波算法实现，用于融合激光雷达和摄像头的数据，以提高车辆的定位精度，图 6-1 是代码运行结果：

```
import numpy as np
# 假设激光雷达和摄像头的测量数据
laser_measurement=np.array([1.0, 1.2, 1.1])        # 激光雷达测量
camera_measurement=np.array([1.05, 1.15, 1.05]) # 摄像头测量

# 卡尔曼滤波参数
R=0.1              # 误差协方差
P=1.0              # 初始估计协方差
K=P/(P+R)          # 卡尔曼增益

# 数据融合
fused_measurement=K * laser_measurement+(1-K)* camera_measurement
fused_position=np.mean(fused_measurement)      # 融合后的位置信息
print("Fused Position:", fused_position)
```

```
Fused Position:  1.0984848484848486

Process finished with exit code 0
```

图 6-1 代码运行结果（融合后的位置信息）

（2）路径规划与决策控制

路径规划的实现可以通过 RRT 算法来探索空中或道路的可行路径。下面是一个简单的 RRT 路径规划示例，图 6-2 是代码运行结果：

```
import random
import matplotlib.pyplot as plt
import numpy as np

# RRT路径规划示例
start=(0, 0)                                          # 起点
goal=(10, 10)                                         # 目标点
obstacles=[(5, 5), (3, 7), (7, 2)]                    # 障碍物

# 障碍物检测函数
def is_collision(point, obstacles, radius=0.5):
    for obstacle in obstacles:
        # 如果点与障碍物距离小于阈值，则认为发生碰撞
        if np.linalg.norm(np.array(point)-np.array(obstacle))
<radius:
            return True
    return False

# RRT路径规划函数，添加障碍物检测
def rrt(start, goal, obstacles, max_iterations=100):
    path=[start]
    for _ in range(max_iterations):
        rand_point=(random.uniform(0, 10), random.uniform(0, 10))

        # 如果随机点与障碍物碰撞，则跳过
        if is_collision(rand_point, obstacles):
            continue

        path.append(rand_point)
```

```
        # 简单的目标检测：如果路径最后一个点接近目标点，则认为到达目标
        if np.linalg.norm(np.array(rand_point)- np.array(goal))<1.0:
            path.append(goal)
            break
    return path

# 路径平滑(简单实现)
def smooth_path(path):
    smoothed_path=[path[0]]
    for i in range(1, len(path)-1):
        # 平滑过程：简单的中点插值
        prev_point=path[i-1]
        next_point=path[i+1]
        smoothed_point=((np.array(prev_point)+np.array(next_
point))/2).tolist()
        smoothed_path.append(smoothed_point)
    smoothed_path.append(path[-1])
    return smoothed_path

# 生成路径并绘制
path=rrt(start, goal, obstacles)

# 对路径进行平滑处理
smoothed_path=smooth_path(path)

# 绘制路径和障碍物
plt.plot([p[0] for p in smoothed_path], [p[1] for p in smoothed_
path], marker='o', label='Path')

# 绘制起点和目标点(使用更明显的颜色和大点)
plt.scatter(*goal, color='red', s=100, label='Goal',
edgecolor='black') # 目标点
plt.scatter(*start, color='blue', s=100, label='Start',
edgecolor='black') # 起点

# 绘制障碍物
for obstacle in obstacles:
    plt.scatter(*obstacle, color='black', label='Obstacle')

plt.legend()
plt.show()
```

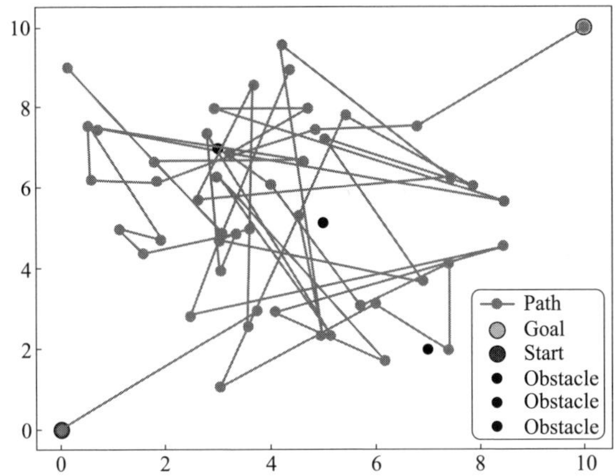

图6-2 代码运行结果（道路的可行路径）

6.3.4 部署与优化

（1）部署

在完成系统的开发和测试后，自动驾驶系统需要部署到实际的车辆平台上，部署过程包括硬件集成、传感器安装、控制系统的集成等。自动驾驶系统的部署需要确保硬件与软件的兼容性，并进行大量的实地测试，以确保系统在真实环境中的可靠性。

（2）优化

优化是自动驾驶系统中至关重要的一环，目的是提高系统的效率、安全性和稳定性。优化的方向包括：

算法优化：改进路径规划算法，提高计算效率，减少计算延迟，以应对动态交通环境。

硬件优化：选择更加高效的传感器和处理器，降低系统成本，提高处理速度。

系统集成优化：通过优化系统架构，使得各个模块之间的协同更加高效，提升系统的整体性能。

总之，自动驾驶系统的开发涉及多个环节和技术的融合，包括传感器技术、算法开发、系统集成等。通过合理的技术选型和架构设计，并在实践中不断优化，能够构建出一套高效、安全、稳定的自动驾驶系统。

7. 医疗健康

7.1 医疗健康 AI 概述

人工智能（AI）技术的迅猛发展正在逐步改变各行各业，医疗健康领域尤为突出，从疾病预测与诊断，到个性化治疗与药物研发，AI 的应用正在推动医疗行业的变革。近年来，随着大数据、深度学习和自然语言处理等技术的突破，AI 已经成为医疗健康领域不可忽视的重要力量。

7.1.1 AI 在医疗健康中的应用

如表 7-1 所示，AI 在医疗健康中的应用范围广泛，涵盖了从早期疾病筛查到治疗方案优化等多个方面。

表 7-1 AI 在医疗健康中的主要应用领域

应用领域	具体应用	优势
疾病诊断	医学影像分析、实验室数据分析	提高诊断精度，减少人为错误
疾病预测与预防	个性化健康管理、疾病风险评估	提前干预，降低疾病发生率
个性化治疗	基因组分析、精准医学	根据患者情况量身定制治疗方案
药物研发	新药发现、临床试验	缩短研发周期，降低成本
临床决策支持	病例数据分析、医学文献检索	提供科学决策支持，提升治疗效果

在疾病诊断中，AI 可以通过分析大量患者的健康数据，帮助医生发现潜在的健康风险，做出更精准的诊断，尤其是在影像学诊断领域，AI 已经在一些医学影像识别中超过了人类专家的水平。

以医学影像为例，AI通过深度学习算法能够从CT、MRI、X光等影像中精准提取信息，识别病变区域。例如，AI系统已经能够在乳腺癌的影像检测中，帮助医生识别出细微的病变，提高早期诊断率，此外，AI还能够通过数据融合来提高诊断准确性，减少人为错误。

AI还在疾病预测与预防中发挥着重要作用。通过对患者的历史病历、遗传数据、生活方式等信息的分析，AI可以构建个性化的健康档案，预测个体患病的风险，这些预测可以为患者提供更有针对性的健康管理建议，帮助减少疾病的发生。例如，AI能够在糖尿病、心血管疾病等慢性病的早期阶段，进行风险评估，从而提前进行干预。

个性化治疗是AI在医疗中的又一应用亮点。近年来，精准医学的崛起离不开AI技术的支持，通过数据分析，AI可以帮助医生根据患者的具体情况，如基因组信息、疾病历史等，制定个性化的治疗方案。AI在药物研发方面也展现出了巨大的潜力，通过大数据分析，AI可以加速新药的发现与临床试验，缩短药物研发周期。

在临床决策支持系统（CDSS）中，AI的应用同样举足轻重。通过综合分析患者的临床数据、实验室检测结果和医学文献，AI可以为医生提供实时的决策支持，帮助医生做出更科学的治疗决策。这种支持不仅提高了诊断效率，还能帮助医生减少工作负担，提升医疗质量。

7.1.2 医疗AI的技术挑战

尽管AI在医疗健康领域展现了巨大的应用潜力，但其技术实现和普及仍面临着许多挑战，如表7-2所示。

表7-2 医疗AI面临的主要技术挑战

挑战领域	主要问题	解决方案方向
数据隐私与安全	数据泄露风险、法律法规合规性	加强数据加密、隐私保护协议、合规性审查
模型可靠性与可解释性	AI“黑箱”问题、决策过程不透明	提升模型可解释性，增加透明度
准确性与泛化能力	数据异质性导致模型表现不一致	增强模型泛化能力，提高跨场景表现
基础设施限制	计算、存储资源不足，网络延迟问题	改进硬件设施，利用云计算和边缘计算技术
伦理与监管	法律责任归属不清、患者隐私保护问题	制定相关法规，建立AI伦理框架

首先，数据隐私和安全问题是 AI 在医疗健康领域应用的最大障碍之一，医疗数据涉及到大量的个人隐私信息，如何确保数据的安全性和隐私性，同时满足相关法规（如 GDPR、HIPAA 等）的要求，是一个亟待解决的问题。医疗数据的跨机构共享和合作也存在法律、伦理以及技术上的难题，需要通过严格的标准和协议来规范。

其次，医疗 AI 模型的可靠性和可解释性也是当前面临的重要问题。虽然 AI 在一些特定领域，如医学影像分析、病理诊断等方面已经取得了显著的成绩，但这些模型的“黑箱”性质仍然限制了其在临床实践中的广泛应用。医生和患者需要能够理解 AI 系统的决策过程，而目前许多 AI 模型的可解释性仍不够强，这一问题导致许多医疗 AI 技术虽然在实验室中表现优秀，但在实际应用中往往难以被广泛采纳。

另外，医疗 AI 系统的准确性和泛化能力也值得关注。由于医学数据具有高度的异质性（如不同医院、不同地区、不同设备采集的数据差异），AI 模型可能在不同的数据集上表现不一致。因此，如何提高 AI 模型的泛化能力，确保其在不同场景和患者群体中都能提供准确的预测和决策，是一个技术难题。

AI 技术的实施和部署也受到硬件和基础设施的限制，医疗 AI 系统通常需要处理大量复杂的医疗数据，这对计算能力和存储能力提出了很高的要求。尽管云计算和边缘计算可以提供一定的解决方案，但在一些地区和医疗机构，基础设施的落后仍然限制了 AI 技术的普及。

最后，医疗 AI 的监管和伦理问题同样是一个值得关注的挑战。随着 AI 在医疗健康中的应用不断拓展，相关的监管政策和法律框架仍未完全建立。例如，AI 技术在医疗决策中的使用可能会涉及责任归属问题，如果 AI 系统做出错误的决策，导致患者伤害，如何界定责任和赔偿问题，仍然是一个没有明确答案的法律难题。

总之，医疗 AI 虽然面临着诸多挑战，但其发展潜力巨大。随着技术的不断成熟，政策和法规的逐步完善，AI 将在未来的医疗健康领域发挥更为重要的作用。

7.2 医疗影像分析与诊断

随着医学影像学的不断发展，影像分析已成为现代医学诊断的重要手段。尤其是在AI技术的推动下，医疗影像分析的准确性和效率得到了显著提升，正在成为精准医疗中的关键组成部分，医疗影像处理技术与计算机辅助诊断（CAD）系统的结合，正在使医生能够更快速、更准确地分析影像数据，从而为患者提供更好的诊疗方案。

7.2.1 医疗影像处理技术

如表7-3所示，医疗影像处理技术包括图像预处理、图像分割、图像配准、特征提取等多个步骤。这些技术能够对医学影像数据进行有效的处理，提取出与疾病诊断相关的关键信息，帮助医生进行更为精准的分析。

表7-3 常用医疗影像处理技术

技术领域	主要技术	应用场景
图像预处理	去噪、增强对比度、平滑	提高影像质量，减少噪声干扰
图像分割	阈值分割、区域生长法、CNN	提取病灶区域，区分正常组织与异常区域
图像配准	多模态图像配准	对齐不同时间或设备的医学影像，提高影像的可比性
特征提取	GLCM、形状特征、边缘特征	提取与诊断相关的影像特征，辅助疾病诊断
深度学习	CNN、卷积神经网络	自动学习影像特征，进行高效且准确的影像分析

在医学影像领域，CT（计算机断层扫描）、MRI（磁共振成像）、X光、超声波等影像方式被广泛应用，这些影像技术通过不同的方式生成身体内部结构的图像，并通过计算机处理技术对图像进行细致分析。

图像预处理是医学影像分析中至关重要的一步，医疗影像常常由于噪声、伪影等因素而影响诊断的准确性，因此图像预处理技术成为影像分析中的基础环节。常见的图像预处理方法包括去噪、增强对比度、图像平滑等技术，目的是减少图像中的噪声，提高影像的质量和清晰度。特别是在CT和MRI图像中，由于影像的分辨率较高，去噪处理显得尤为重要。

图像分割技术是影像分析中的核心技术之一，分割的目的是从医学影像中提取出感兴趣的区域（如肿瘤、病变区域、器官等）。在自动化诊断系统中，图像分割帮助AI模型区分正常组织和异常区域，从而提高诊断的准确性，常用的图像分割方法包括基于阈值的分割方法、区域生长法、边缘检测法以及深度学习技术中的卷积神经网络（CNN）方法。

图像配准技术用于将来自不同时间、不同设备、不同视角的影像数据进行对齐，通过图像配准，医生可以在多时段、多视角的影像中，识别出病灶的变化，帮助患者进行长期的疾病监测。在多模态影像处理中，CT 和 MRI 图像的配准尤为重要，能够有效地提升不同设备之间影像数据的可比性。

特征提取技术通过从医学影像中提取有意义的特征，如肿瘤的形态、纹理、边界等，为后续的诊断提供关键支持。AI 算法通过特征提取，可以发现一些难以被肉眼识别的异常，如微小的肿瘤病灶、细小的病变区域，常用的特征包括灰度共生矩阵（GLCM）、形状特征、边缘特征等。

近年来，深度学习尤其是卷积神经网络（CNN）的应用，在医疗影像处理中取得了突破性进展。通过大量的标注数据训练，CNN 能够自动从影像中学习出更具代表性的特征，极大提高了影像分析的效率和准确性。基于深度学习的影像处理系统能够从复杂的影像数据中提取出多层次的特征，不仅能够准确地识别图像中的病变，还能对病变的类型、大小进行分类和标定。

7.2.2 计算机辅助诊断

计算机辅助诊断（CAD）系统是通过计算机技术和人工智能算法，辅助医生在医学影像分析过程中做出诊断判断的系统。该系统的主要作用是通过对医学影像数据的处理和分析，帮助医生识别疾病，提高诊断效率和准确性，并且它在多个医学影像领域中都取得了显著的应用，尤其是在乳腺癌、肺癌、脑部疾病等方面的影像诊断中表现尤为突出，如表 7-4 所示。

表 7-4 计算机辅助诊断系统在不同疾病中的应用

疾病领域	CAD 系统应用	主要优势
乳腺癌	乳腺 X 光影像分析	提高早期诊断率，降低漏诊率
肺癌	肺部 CT 影像分析	提高肺结节及肿块的识别率，辅助早期筛查
脑部疾病	脑部 MRI/CT 影像分析	提高脑肿瘤、脑卒中的早期诊断准确性
其他疾病	多种影像数据的综合分析	提高诊断效率和准确性，减轻医生工作负担

在乳腺癌的早期筛查中，CAD 系统已经被广泛应用。乳腺 X 光检查（乳腺

摄影）是乳腺癌筛查的重要手段，但其诊断结果常常受限于医生的主观判断和图像的质量，而 CAD 系统通过对乳腺 X 光影像的自动分析，能够快速发现乳腺肿块、钙化点等潜在病变，辅助医生做出准确的诊断。许多研究表明，CAD 系统能够显著提高乳腺癌的早期发现率，并减少漏诊率。

肺癌的早期筛查同样依赖于 CT 扫描技术。CAD 系统在肺部 CT 图像分析中的应用，能够帮助医生快速识别肺部结节、肿块等异常区域，从而为后续的进一步检查提供依据。肺癌是全球致死率最高的癌症之一，早期诊断对提高患者的生存率至关重要，CAD 系统能够通过分析肺部 CT 图像中的病变特征，为医生提供可参考的诊断建议。

脑部疾病，尤其是脑肿瘤和脑卒中的诊断，也在计算机辅助诊断系统的帮助下变得更加精准。MRI 和 CT 影像常用于脑部疾病的诊断，但脑部影像的复杂性和多样性常常使得诊断过程变得困难，通过 CAD 系统，医生可以更加快速地识别脑部病变区域，判断肿瘤的大小、位置及其与周围组织的关系，从而为后续治疗方案的制定提供科学依据。

CAD 系统的核心优势在于其高效性和准确性。与传统人工诊断相比，CAD 系统能够在短时间内对大量影像数据进行处理，并为医生提供诊断建议，极大地提高了诊断的效率。同时，CAD 系统通过机器学习和深度学习技术的应用，能够不断从大量病例中进行自我优化和更新，逐步提高诊断的准确度和可靠性。

然而，尽管 CAD 系统在医疗影像分析中取得了显著进展，但其仍面临着些挑战。首先，该系统依赖于大量高质量的标注数据进行训练，这要求影像数据的质量和标注的准确性非常高。其次，尽管它能够提供辅助诊断建议，但最终的诊断决策仍然依赖于医生的专业判断。因此，该系统应当作为医生的辅助手段，而非完全替代医生的诊断判断。

总的来说，医疗影像分析与诊断技术在 AI 的推动下，正经历着前所未有的变革。影像处理技术和计算机辅助诊断系统的不断发展，不仅提高了疾病的诊断精度，也为患者带来了更为高效和精准的医疗服务。随着技术的不断进步，未来医疗影像分析将更加智能化，为临床决策提供更有力的支持。

7.3 案例分析：智能诊断系统

在医疗健康领域，随着人工智能技术的飞速发展，智能诊断系统逐渐成为提高诊断效率和准确性的关键工具。尤其是在医学影像分析和辅助诊断方面，AI技术的应用为医生提供了强有力的支持，帮助他们快速、准确地识别疾病。智能诊断系统的开发，既涉及大量的数据处理，也涉及深度学习模型的训练与应用。本节将通过一个智能诊断系统的案例，详细阐述其项目背景、需求分析、技术选型、架构设计、实现步骤以及部署与优化。

7.3.1 项目背景与需求分析

随着人口老龄化和疾病谱变化，医疗资源紧张的问题日益突出，特别是高精度医疗影像的解读需要专业的医疗人员，而目前医疗行业医生短缺，尤其是在基层医院。为了解决这一问题，智能诊断系统应运而生，该系统利用AI技术，尤其是深度学习，辅助医生进行疾病的早期筛查、诊断支持和治疗方案推荐。

本项目的目标是开发一款能够自动处理医疗影像数据，识别疾病（如肺癌、乳腺癌等）并提供诊断建议的智能诊断系统。需求分析包括以下几个方面：

图像处理与分析：能够自动处理各种医疗影像（如CT、MRI、X-ray等），提取关键信息，检测出异常区域。

精准诊断与分类：利用深度学习模型进行疾病的分类诊断，能够准确识别病变区域，输出诊断结果。

用户友好界面：系统应具备简洁直观的用户界面，便于医生上传影像、查看结果、获取诊断建议。

数据安全与隐私保护：医疗数据涉及患者隐私，因此系统必须遵循数据隐私法律法规，确保数据安全。

7.3.2 技术选型与架构设计

智能诊断系统的技术选型应基于项目需求，选择合适的工具和技术。在本项目中，核心技术包括深度学习模型、Web开发框架和数据库管理系统。

深度学习框架：TensorFlow和Keras是最常用的深度学习框架，它们提供了丰富的预训练模型和工具，能够帮助开发人员快速构建卷积神经网络（CNN）等复杂模型。在本项目中，我们选用了Keras作为主要的深度学习框架，因为它易于使用，能够快速构建和训练模型。

前端开发框架：为了确保系统的可用性和可扩展性，前端开发采用 React.js 或 Vue.js。两者都是当前最流行的 Web 框架，提供高效的开发体验和响应式用户界面。

后端开发框架：Flask 是一个轻量级的 Web 框架，适合快速构建 API 服务。在本项目中，Flask 用于处理来自前端的请求，调用模型进行预测，并返回结果。

数据库与存储：医疗影像数据往往比较大，且需要长期存储。MongoDB 作为 NoSQL 数据库，能够有效存储结构化和非结构化数据，因此选择了 MongoDB 作为存储数据库。影像数据的存储采用分布式文件存储系统，例如 Amazon S3 或阿里云 OSS，以满足大数据存储需求。

GPU 加速：深度学习模型的训练和推理需要大量计算资源，特别是医学影像数据通常较大，因此选用了基于 GPU 的云计算平台，如 AWS EC2、Google Cloud Compute Engine 等，来加速模型训练和推理。

系统架构设计：系统的架构分为前端、后端、深度学习模型服务、数据库和存储等几个主要模块。前端负责用户交互，后端负责业务逻辑，深度学习模型服务用于影像分析和诊断，数据库用于存储患者信息和影像数据，存储系统负责大规模影像数据的管理。

7.3.3 实现步骤与代码示例

智能诊断系统的实现包括多个步骤：数据准备、模型训练、API 开发与集成等。以下是关键的实现步骤和代码示例：

（1）数据准备与预处理

收集医学影像数据并进行预处理。通常使用公开的医学影像数据集，如乳腺癌数据集、肺结节数据集等，本文采用的是肺结节数据集。预处理过程包括影像的标准化、数据增强等。

（2）模型训练

构建深度学习模型进行图像分类。这里我们使用卷积神经网络（CNN）进行疾病预测任务。以下是一个简化版的 CNN 模型训练代码示例：

```
import tensorflow as tf
from tensorflow.keras.models import Sequential
from tensorflow.keras.layers import Conv2D, MaxPooling2D, Flatten, Dense
from tensorflow.keras.preprocessing.image import ImageDataGenerator

# 定义CNN模型结构
model=Sequential([
    Conv2D(32, (3, 3), activation='relu', input_shape=(150, 150, 3)),
    MaxPooling2D(2, 2),
    Conv2D(64, (3, 3), activation='relu'),
    MaxPooling2D(2, 2),
    Flatten(),
    Dense(64, activation='relu'),
    Dense(1, activation='sigmoid') # 二分类任务
])

# 编译模型
model.compile(optimizer='adam', loss='binary_crossentropy', metrics=['accuracy'])

# 数据预处理和增强(训练数据路径修改为自己的)
train_datagen=ImageDataGenerator(rescale=1./255, shear_range=0.2, zoom_range=0.2, horizontal_flip=True)
train_generator=train_datagen.flow_from_directory('D:/Google/archive/chest xray/train', target_size=(150, 150), batch_size=16, class_mode='binary')

# 模型训练与保存
model.fit(train_generator, steps_per_epoch=100, epochs=10)
model.save('D:/path_to_save_model/saved_model')
```

模型训练结果如图 7-1 所示，由运行结果可知，随着训练的进行，模型的准确率逐渐提高，从第一个 epoch 的 81.69% 增加到最后的 92.44%。虽然损失值在波动，但整体上准确率表现出持续提升，表明模型正在学习并优化。且训练完成时，模型的表现较为良好。

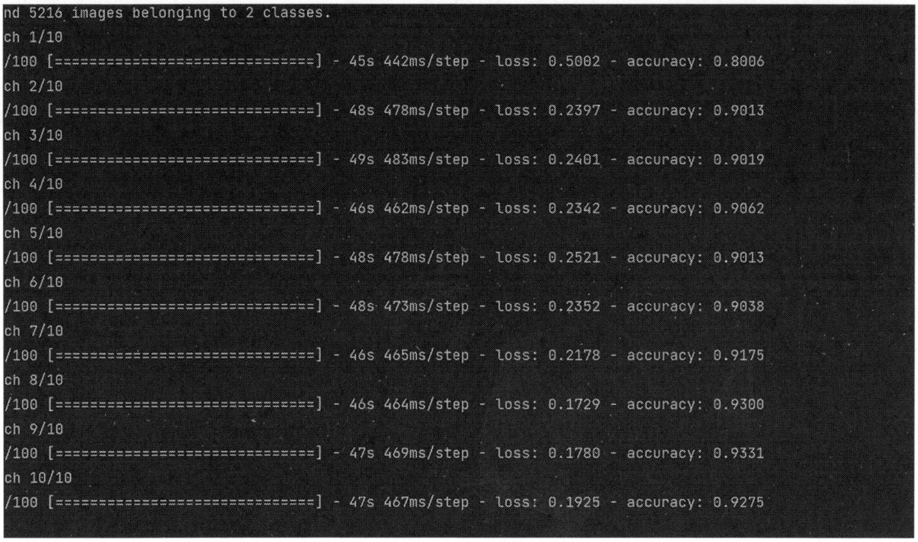

图 7-1 模型训练结果

（3）API 接口开发

利用 Flask 框架开发 API 接口，接受医学影像数据，并将其传递给训练好的模型进行预测。以下是 Flask 后端部分的代码示例：

```
    from flask import Flask, request, jsonify, send_from_directory
    import tensorflow as tf
    import numpy as np
    from PIL import Image
    import os

    app=Flask(_name_)

    # 加载训练好的模型
    model=tf.keras.models.load_model('D:/path_to_save_model/
saved_model')(路径为上文保存的模型路径)

    # 首页路由
    @app.route('/')
    def home():
        return "Welcome to the model prediction service! Use POST
method on /predict for predictions."
```

```
    # 处理 favicon.ico 请求
    @app.route('/favicon.ico')
    def favicon():
        return send_from_directory(os.path.join(app.root_path, 
'static'),
                                'favicon.ico', mimetype='image/vnd.microsoft.
icon')

    @app.route('/predict', methods=['POST'])
    def predict():
        if 'file' not in request.files:
            return jsonify({'error': 'No file part'}), 400
        file=request.files['file']
        if file.filename=='':
            return jsonify({'error': 'No selected file'}), 400
        image=Image.open(file.stream)
        image=image.resize((150, 150))
        image=np.array(image)/255.0
        image=np.expand_dims(image, axis=0) # Add batch dimension

        # 进行预测
        prediction=model.predict(image)
        result='Positive' if prediction[0]>0.9 else 'Negative'
        return jsonify({'prediction': result})

    if_name_=='_main_':
        app.run(debug=True)
```

这段代码实现了一个简单的 Flask API，接受上传的影像文件，并通过预训练的深度学习模型进行预测。

7.3.4 部署与优化

系统部署是确保智能诊断系统能够在实际环境中顺利运行的关键步骤。首先，系统需要部署到一个高效且可扩展的服务器上，常见的部署平台包括 AWS、Google Cloud、阿里云等，云平台提供了计算资源的弹性伸缩，可以根据需求动态调整资源。

为了加速模型推理，系统可以使用 GPU 加速，在部署过程中，可以选择 GPU 实例来运行推理任务，从而大幅提高推理速度。

性能优化：

并发处理：为了应对高并发请求，系统可以采用多线程或多进程处理方式，确保系统在并发请求下的响应时间保持在合理范围。

模型压缩：深度学习模型通常很大，推理速度较慢。为提高推理效率，可以对模型进行压缩，如使用 TensorFlow Lite 或 ONNX 进行模型优化。

缓存机制：为了减少重复的推理计算，可以使用缓存技术，在系统中缓存最近的预测结果，提高响应速度。

安全性与隐私保护：数据安全是智能诊断系统中的重中之重。系统必须遵循数据隐私法律法规，如 GDPR 或 HIPAA，确保患者数据的安全。在数据存储和传输过程中，采用加密技术（如 SSL/TLS）保证数据的安全性。同时，系统应进行严格的用户身份验证和权限控制，防止未经授权的访问。

通过这些部署与优化手段，智能诊断系统将能够稳定、高效、安全地运行，最终为医疗行业提供强有力的辅助诊断支持。

8. 金融科技

8.1 金融科技概述

金融科技（Fintech）是指将现代科技与金融服务相结合，以提高效率、降低成本并为消费者和企业提供创新的金融解决方案。随着互联网技术的飞速发展、智能设备的普及以及大数据、人工智能等技术的成熟，金融行业的运作模式正在经历前所未有的变革，金融科技不仅在传统金融机构中引发了深刻的变革，同时也催生了大量的新兴金融企业。金融科技的发展推动了包括支付、借贷、财富管理、保险、资本市场等领域的数字化、智能化进程，并逐步改变了人们的金融行为和企业的经营模式。

8.1.1 金融科技的发展与应用

金融科技的发展历程可以追溯到 20 世纪 90 年代，随着互联网技术的普及，电子银行、在线支付等开始逐步进入市场，开创了金融服务数字化的先河。然而，真正的金融科技革命始于 2008 年全球金融危机后，金融体系暴露出诸多问题，传统金融服务模式不再能够满足市场对高效、透明和低成本的需求。此时，金融科技企业的崛起成为金融创新的重要力量。

金融科技的主要发展阶段：

（1）初期阶段（2000 ~ 2010 年）

在这个阶段，金融科技的创新主要集中在支付领域，电子支付和互联网银行开始广泛普及。2005 年，PayPal 被 eBay 收购，成为全球知名的互联网支付平台；2007 年，阿里巴巴推出了支付宝，成为中国互联网支付市场的领导者。此外，许多在线借贷平台（如 LendingClub）和众筹平台（如 Kickstarter）也开始涌现，为中小企业和个人提供了全新的融资渠道。

(2) 快速发展阶段（2010 ~ 2015 年）

这一阶段金融科技的创新进入了多元化发展，涵盖了支付、借贷、投资、保险等多个领域，支付工具和借贷平台进一步成熟，区块链技术开始获得广泛关注。在这一时期，人工智能、大数据、云计算等技术开始被大量应用于金融领域，尤其是在风控、信用评估、财富管理等方面。

(3) 成熟期（2015 年至今）

随着监管政策逐步完善和技术的不断突破，金融科技逐渐走向成熟。在这一阶段，金融科技不仅在技术应用上持续创新，而且在产品和服务上也展现出了多元化和智能化的特点，智能投顾、区块链支付、数字货币、人工智能客服等新型金融产品和服务不断涌现，推动了金融服务的深度融合与发展。

金融科技的主要应用领域：

(1) 支付与转账

支付是金融科技应用最广泛和最成熟的领域之一。传统的支付手段，如银行转账和现金支付，往往存在手续费高、跨境支付难等问题，随着支付技术的发展，移动支付、二维码支付和数字钱包逐步改变了支付方式，支付宝、微信支付、Apple Pay 等创新支付工具的普及使得消费者能够随时随地进行快速、便捷的支付。此外，跨境支付平台如 TransferWise 也通过降低手续费和提高效率打破了传统银行跨境支付的壁垒。

(2) 智能投资与财富管理

智能投资是金融科技的另一重要应用领域。借助大数据和人工智能技术，智能投顾能够根据用户的风险偏好、理财目标、资金状况等个性化信息，提供定制化的投资建议，通过量化分析与预测，智能投顾能够自动化地调整投资组合，帮助用户优化资产配置，提高投资回报。在这一领域，Wealthfront、Betterment 和罗盘科技等公司都是业内的佼佼者。

(3) 保险科技

保险科技（InsurTech）是金融科技与保险行业结合的产物，目的是利用技术手段提升保险业务的效率和用户体验，借助大数据、人工智能和区块链等技术，保险公司能够更好地评估风险、定价和理赔。车险领域的一些创新应用，如基于驾驶行为的车险定价（Usage-Based Insurance）和区块链理赔，正成为行业的趋势。

（4）区块链与数字货币

区块链技术作为一种去中心化的分布式账本技术，正在改变金融行业的多项核心业务，包括支付、结算、交易清算等，比特币、以太坊等数字货币为区块链的应用提供了一个切实的场景，而智能合约等技术则在金融衍生品交易中展现出巨大的潜力。金融机构也开始尝试通过区块链提高数据处理效率和降低成本，瑞士的瑞波（Ripple）和以太坊的合作就是一个典型的例子。

8.1.2 AI在金融领域的应用场景

人工智能在金融领域的应用正在日益广泛，它不仅能够提高金融服务的效率，还能创造全新的业务模式。AI技术在金融行业的应用场景涵盖了风险管理、客户服务、资产管理、营销等多个方面，如表8-1所示。

表8-1 AI在金融领域的应用场景

应用领域	具体技术	代表性应用
风险管理与信用评估	机器学习、数据挖掘	蚂蚁集团信用评分
客户服务与智能客服	自然语言处理（NLP）、深度学习	智能客服（如中国银行）
智能投顾与个性化服务	机器学习、算法优化	Wealthfront，Betterment
反欺诈与安全监控	机器学习、行为分析	PayPal反欺诈监控

（1）风险管理与信用评估

在金融行业中，信用评估和风险管理一直是核心任务之一。传统的风险管理往往依赖于历史数据和人工判断，且难以应对大数据时代的复杂性，人工智能尤其是机器学习算法的应用，使得金融机构能够基于海量的历史数据、行为数据以及社交数据，建立更加精准的风险模型。AI技术能够分析潜在风险、预测信贷违约概率，并通过动态调整信贷策略来降低风险，例如，Ant Group（蚂蚁集团）通过利用机器学习算法对用户的支付、消费等行为进行分析，实现了高效、精准的信用评分与信贷管理。

（2）客户服务与智能客服

AI 在金融领域的另一个重要应用场景是智能客服。利用自然语言处理（NLP）技术，金融机构能够通过聊天机器人与客户进行自动化沟通，解决客户的基本问题，如查询账户余额、了解产品信息、处理简单的账户操作等。智能客服不仅能够降低人工成本，还能提高服务效率，一些银行和金融机构，如中国银行和摩根大通，已经在其客户服务系统中引入了 AI 客服，通过深度学习不断优化其服务能力。

（3）智能投顾与个性化服务

智能投顾是人工智能在财富管理领域的主要应用之一。通过机器学习、数据挖掘和自然语言处理，智能投顾能够根据客户的财务状况、风险承受能力以及投资目标等数据，自动化地为其设计和调整投资组合。这一过程不仅能够帮助客户优化投资回报，还能降低人为错误和操作成本，例如 Wealthfront 和 Betterment 等智能投顾平台，通过提供个性化的投资建议和自动化的投资管理服务，成功吸引了大量年轻客户。

（4）反欺诈与安全监控

在金融行业，安全性是至关重要的。AI 技术尤其在反欺诈领域得到了广泛应用，通过分析交易数据、客户行为以及网络安全威胁，AI 系统可以实时检测和识别潜在的欺诈行为，并及时发出警报。AI 的自学习能力使得其在识别新型欺诈手段时具有显著优势。例如 PayPal 利用机器学习算法在支付交易过程中实时监控每一笔交易，通过分析历史交易模式，识别并防止欺诈行为。

总结来说，人工智能在金融领域的应用不仅提高了业务效率、增强了服务质量，还推动了金融行业的创新。随着技术的不断进步，金融科技将进一步融入人们的日常生活，为个人和企业提供更为智能、便捷的金融服务。

8.2 金融数据分析与风险管理

金融数据分析和风险管理是金融科技中的两个核心领域。在金融行业，数据的准确性、全面性和时效性对于做出明智的决策至关重要，随着大数据、人工智能和机器学习等技术的迅速发展，金融数据分析和风险管理的能力得到了前所未有的提升。金融数据分析不仅帮助金融机构更好地理解市场动态和客户需求，还能为风险预测和管理提供可靠的数据支持；风险管理的有效性，尤其是在信用风险、市场风险、操作风险等方面，直接关系到金融机构的生存与发展。

8.2.1 金融数据处理技术

金融数据处理技术是金融科技中的基础部分，涵盖了数据的采集、存储、清洗、分析和可视化等多个环节，如表 8-2 所示。随着金融服务的数字化转型，数据量呈现出指数级增长，数据处理技术的创新成为金融行业提升运营效率、实现智能化服务的关键。

表 8-2 金融数据处理技术的应用

技术	应用场景	描述
Web Scraping	获取网页数据	提取新闻、股市信息、社交媒体内容等，提供市场情报与客户反馈
API 接口	实时数据获取	通过 API 获取实时的市场行情、汇率、商品价格等金融数据
Hadoop/Spark	大数据存储与处理	处理金融交易、市场波动等大规模数据，支持高效的分布式计算与存储
机器学习	风险管理与预测	利用机器学习算法进行信用评估、贷款违约预测等风险分析
数据可视化	风险报告与趋势分析	将数据转化为图表或仪表盘，帮助决策者做出快速、准确的决策

（1）数据采集与存储技术

金融行业的数据来源非常广泛，涵盖了客户交易数据、市场行情数据、社交媒体数据、公司财报数据等，这些数据不仅来自传统的金融交易平台，还包括互联网金融、社交平台、物联网设备等多种渠道。金融机构需要通过先进的数据采集技术来收集、存储和处理这些海量数据。

目前，金融数据采集主要依赖于以下技术：

Web Scraping（网页抓取）：用于从网页和社交媒体中提取金融相关的数据。

API 接口：很多金融机构通过 API 接口获取第三方提供的实时数据，例如股票市场数据、汇率数据等。

传感器与 IoT 设备：在一些特定领域，如供应链金融、金融保险等，金融数据的采集还依赖于传感器技术和物联网设备。

为了处理这些海量数据，金融行业普遍采用分布式存储系统，如 Hadoop、Spark 等开源技术，能够以高效、可扩展的方式存储和处理大规模的结构化和非结构化数据。

（2）数据清洗与预处理

金融数据常常存在缺失值、异常值、重复数据等问题，这些问题可能会影响分析结果的准确性和有效性。因此，数据清洗和预处理是金融数据分析中的关键环节。

常见的数据清洗方法包括：

缺失值处理：使用均值填充、中位数填充或预测模型进行填补。

异常值检测：通过统计学方法，如箱线图、标准差法等，识别并剔除异常数据。

数据标准化与归一化：确保数据在统一的量纲下进行比较，以便更好地进行后续分析。

（3）数据分析与挖掘技术

金融数据分析的核心是从大量的数据中提取出有价值的信息，以帮助金融机构做出决策。常用的数据分析方法包括：

描述性分析：通过统计指标（如均值、方差等）对历史数据进行总结，帮助企业了解过去的经营情况。

预测性分析：通过时间序列分析、回归分析等方法对未来趋势进行预测。例如，股市分析师利用历史价格数据预测未来的股价波动。

机器学习与人工智能：随着 AI 技术的成熟，越来越多的金融机构开始利用机器学习算法进行复杂的数据分析任务，如风险预测、客户分类、个性化推荐等。

（4）数据可视化

数据可视化是将金融数据转化为图表或仪表盘等形式，以便更容易理解和分析。在金融领域，数据可视化帮助决策者在复杂的数据中发现关键趋势和异常情况，常见的可视化工具包括 Tableau、Power BI 等。金融行业使用可视化技术将风险评估、市场趋势等信息直观呈现，帮助管理者做出快速反应。

8.2.2 风险预测与管理

风险管理是金融行业的一项核心任务，通过有效的风险管理，金融机构能够识别、评估和应对潜在的风险，避免或减少可能的损失。过去，金融机构主要依靠经验和传统的统计方法来进行风险评估，但随着技术的不断进步，特别是人工智能、机器学习和大数据分析的发展，风险管理逐渐变得更加智能化和精准化，如表 8-3 所示。

表 8-3 风险管理中 AI 技术的应用

风险类型	AI 技术应用	描述
信用风险	机器学习、行为分析	通过分析客户的信用历史与行为数据，建立精准的信用评估模型
市场风险	数据分析、情景模拟、压力测试	通过历史数据与情景分析，预测市场波动并评估风险暴露
操作风险	实时监控、自动化控制	通过监控系统、流程自动化和数据分析减少操作错误和欺诈行为
欺诈风险	模式识别、异常检测	通过识别交易中的异常模式和行为，提前发现潜在的欺诈行为

（1）信用风险管理

信用风险是指借款人未能按时偿还债务或履行合同义务的风险。在传统的信用风险管理中，银行主要依赖客户的信用记录和收入水平来评估其还款能力，而现在，金融机构通过集成客户的多维度数据（如交易行为、社交媒体活动等）来更加全面地评估信用风险。

人工智能在信用风险管理中的应用主要体现在以下几个方面：

信用评分模型：通过机器学习算法分析客户的信用历史、交易数据等，建立更为精准的信用评分模型。

欺诈检测：利用行为分析和模式识别技术，实时监控交易数据，检测潜在的欺诈行为。

信用风险预警：通过对客户的金融行为进行实时分析，预测其违约的可能性，并及时采取相应的风险控制措施。

（2）市场风险管理

市场风险是指由于市场价格波动（如股票、利率、汇率等）引发的金融损失。市场风险管理通常依赖于模型预测、情景分析和压力测试等方法，通过分析历史数据和模拟市场变化，金融机构可以预测不同市场情境下可能面临的损失，并采取对策来减轻风险。

（3）操作风险管理

操作风险是指由内部人员、系统或流程故障引起的损失。在金融行业，操作风险管理的重点是通过完善内部控制、自动化流程和信息安全保护来减少错误和欺诈的发生，利用人工智能，金融机构可以在运营中实时监测潜在的操作风险并及时进行预警。

（4）风险预测与量化分析

量化分析技术广泛应用于金融风险管理中，尤其是在股票市场和衍生品市场的风险预测方面。量化分析通常依赖于历史数据和统计模型，通过计算风险指标（如 VaR、CVaR 等）来评估潜在的风险损失，AI 技术在此领域的应用进一步提高了模型的准确性与灵活性。例如，使用机器学习算法（如决策树、神经网络）对市场行情进行建模和预测，可以帮助金融机构在波动性较大的市场中采取更为精确的风险管理策略。

（5）风险控制与应对策略

除了预测和评估风险，金融机构还需要制定有效的应对策略以降低潜在的风险损失。常见的风险控制措施包括：

对冲策略：通过衍生品（如期货、期权等）对冲市场风险。

资产多元化：通过分散投资降低单一资产波动带来的风险。

风险转移：通过保险等方式将部分风险转移给第三方。

总结来说，金融数据分析和风险管理是金融科技应用中的重要组成部分。随着技术的不断进步，人工智能和大数据分析不仅提高了金融数据处理的效率，还使得金融机构能够更加精准地识别和应对各种潜在风险，从而实现更加智能化和精细化的风险管理。

8.3 案例分析：智能投资顾问

智能投资顾问（Robo-Advisor）是一种基于人工智能和机器学习技术的自动化投资服务平台，它通过分析用户的财务状况、投资目标、风险偏好等数据，提供个性化的投资组合建议和资产配置方案。随着金融科技的迅速发展，智能投资顾问已成为金融行业中一种重要的创新工具，尤其是在个人理财和财富管理领域，该系统不仅能够提供低成本、高效率的投资服务，还能根据市场变化实时调整投资策略，帮助用户更好地管理财富。

8.3.1 项目背景与需求分析

随着资本市场的复杂性和投资工具的多样化，个人投资者面临着越来越多的决策压力，传统的投资顾问服务往往需要较高的费用，并且受制于时间、地点等因素，无法为广大投资者提供实时的、定制化的投资建议。与此同时，人工智能技术的进步，特别是机器学习、数据挖掘和自然语言处理等技术，提供了新的解决方案。

（1）项目背景

智能投资顾问项目旨在通过 AI 算法和大数据分析，为用户提供自动化的、个性化的投资建议。项目的目标是降低投资咨询的成本，提升服务的普及度和智能化水平，使得普通投资者也能够享受到专业的投资建议和财富管理服务。

（2）需求分析

用户信息采集：系统需要收集用户的个人财务信息，包括资产状况、收入水平、支出情况、投资目标等。

风险偏好评估：系统根据用户的投资目标和风险承受能力，评估其风险偏好，帮助其选择合适的投资策略。

智能推荐投资组合：基于用户的财务状况和风险偏好，系统需要提供个性化的投资组合方案，并实时调整以适应市场变化。

市场分析与预测：通过对市场数据的实时分析，智能投资顾问需要预测市场趋势，帮助用户做出及时的投资决策。

费用透明与低成本：系统需要具备透明的费用结构，并且保证低成本运营，使得智能投资顾问对个人投资者更具吸引力。

8.3.2 技术选型与架构设计

智能投资顾问的技术选型和架构设计是实现其功能的基础，必须支持数据的快速采集、处理、分析以及实时的投资决策，以下是该系统的主要技术选型和架构设计。

（1）技术选型

编程语言：Python 是本项目的主要编程语言，因其强大的数据处理和机器学习库（如 Pandas、NumPy、Scikit-learn、TensorFlow 等）非常适合处理金融数据和构建投资模型。

数据存储：系统采用关系型数据库 MySQL 存储用户信息和投资历史记录，利用 NoSQL 数据库 MongoDB 存储市场数据和实时信息。数据的高效存储和查询是保证系统稳定运行的关键。

机器学习算法：项目采用机器学习算法（如 K-means 聚类、随机森林、XGBoost 等）来进行风险评估、投资组合推荐和市场趋势预测。

数据可视化：使用 Matplotlib 和 Plotly 等 Python 库进行数据可视化，展示投资组合的变化、风险分析等信息。

云平台与 API 接口：采用云平台（如 AWS 或 Azure）进行数据存储和计算，利用 API 接口与外部金融数据源进行实时数据同步。

（2）架构设计

智能投资顾问系统的架构设计主要包括以下几个模块：

数据采集模块：负责从多种数据源（如股票市场数据、经济数据、新闻资讯等）获取实时数据，通过 API 接口进行数据传输。

数据处理与存储模块：将采集的数据进行清洗、处理并存储在数据库中，为后续的数据分析和建模提供支持。

风控评估与投资策略模块：基于机器学习算法，对用户的财务状况、风险偏好进行评估，制定个性化的投资策略，并根据市场动态调整投资组合。

用户界面与反馈模块：为用户提供简洁、直观的界面，展示投资组合、风险评估、市场分析等信息，并允许用户进行投资组合的调整。

8.3.3 实现步骤与代码示例

智能投资顾问系统的实现步骤可以分为以下几个阶段：

（1）数据采集与预处理

通过 API 接口获取市场数据，并对数据进行清洗和预处理，确保数据质量。图 8-1 是数据采集结果。

```
import pandas as pd
from alpha_vantage.timeseries import TimeSeries

# 设置你的Alpha Vantage API密钥
api_key='your_api_key_here'

# 创建TimeSeries对象
ts=TimeSeries(key=api_key, output_format='pandas')

# 获取AAPL股票的历史数据
data, meta_data=ts.get_daily(symbol='AAPL', outputsize='full')

# 转换时间索引为日期格式
data.index=pd.to_datetime(data.index)

# 筛选时间范围为2023-01-01到2024-12-31（范围可自定义）
data=data[(data.index >= '2023-01-01')&(data.index <= '2024-12-31')]

# 选择需要的列并进行清洗
data=data[['4.close']]  # 只保留收盘价
data.columns=['Close']  # 修改列名为'Close'

# 计算收益率
data['Return']=data['Close'].pct_change()

# 对收益率进行去极值处理
data['Return']=data['Return'].apply(lambda x: min(max(x, -0.1), 0.1))
```

```
# 打印处理后的数据
print(data.head())
```

```
              Close    Return
date
2024-12-31  250.42       NaN
2024-12-30  252.20  0.007108
2024-12-27  255.59  0.013442
2024-12-26  259.02  0.013420
2024-12-24  258.20 -0.003166

Process finished with exit code 0
```

图 8-1 数据采集结果（部分数据显示）

（2）风险评估与投资组合推荐

基于用户的风险偏好（图 8-2 和图 8-3），使用 K-means 聚类算法将用户分为不同的风险等级，并推荐合适的投资组合。

```
import pandas as pd
from sklearn.cluster import KMeans
import matplotlib.pyplot as plt

# 假设我们有更多用户的风险偏好数据
user_data=pd.DataFrame({
    'risk_tolerance': [0.1, 0.5, 0.9, 0.2, 0.7, 0.4, 0.8, 0.3, 0.6, 0.5, 0.15, 0.65, 0.75, 0.25, 0.85],
    'investment_amount': [10000, 50000, 100000, 20000, 80000, 30000, 120000, 25000, 70000, 40000, 15000, 85000, 95000, 22000, 110000]
})

# 使用K-means算法对用户进行风险分级
kmeans=KMeans(n_clusters=3)
user_data['cluster']=kmeans.fit_predict(user_data[['risk_tolerance', 'investment_amount']])

# 打印分级结果
print(user_data)
```

```
# 可视化风险偏好与投资金额
plt.scatter(user_data['risk_tolerance'], user_data['investment_amount'], c=user_data['cluster'], cmap='viridis')
plt.xlabel('Risk Tolerance')
plt.ylabel('Investment Amount')
plt.title('User Risk Profile')
plt.show()
```

	risk_tolerance	investment_amount	cluster
0	0.10	10000	1
1	0.50	50000	2
2	0.90	100000	0
3	0.20	20000	1
4	0.70	80000	2
5	0.40	30000	1
6	0.80	120000	0
7	0.30	25000	1
8	0.60	70000	2
9	0.50	40000	1
10	0.15	15000	1
11	0.65	85000	2
12	0.75	95000	0
13	0.25	22000	1
14	0.85	110000	0

图 8-2　用户风险偏好分组

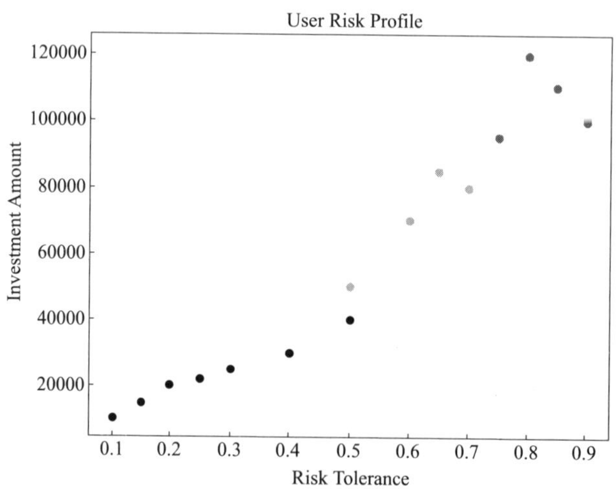

图 8-3　用户风险偏好分组散点图

(3) 投资组合的优化

通过现代资产组合理论（Markowitz 模型）进行投资组合优化，最大化预期收益与最小化风险。

```
import cvxopt
import numpy as np  # 导入 numpy 库

# 假设有三个资产的预期收益率和协方差矩阵
expected_returns=np.array([0.1, 0.12, 0.08])
cov_matrix=np.array([[0.1, 0.02, 0.01],
                     [0.02, 0.12, 0.04],
                     [0.01, 0.04, 0.14]])

# 目标函数：最小化风险
P=cvxopt.matrix(cov_matrix)
q=cvxopt.matrix(np.zeros(3))

# 约束条件：权重之和为1
G=cvxopt.matrix(-np.eye(3))
h=cvxopt.matrix(np.zeros(3))

A=cvxopt.matrix(np.ones((1, 3)))
b=cvxopt.matrix(1.0)

# 求解优化问题
solution=cvxopt.solvers.qp(P, q, G, h, A, b)

# 获取最优权重并格式化输出
optimal_weights=np.array(solution['x']).flatten()

# 打印最优权重，格式化为浮动小数
print("Optimal Weights: ", np.round(optimal_weights, 4))
```

如图 8-4 所示，当第一个资产的投资权重为 45.09%，第二个资产的投资权重为 28%，第三个资产的投资权重为 26.91% 时，能够实现最优投资分配。

```
     pcost       dcost       gap    pres   dres
 0:  2.7580e-02 -9.8329e-01  1e+00  0e+00  2e+00
 1:  2.7467e-02  7.4196e-03  2e-02  2e-16  5e-02
 2:  2.6700e-02  2.5683e-02  1e-03  1e-16  9e-04
 3:  2.6691e-02  2.6681e-02  1e-05  6e-17  8e-06
 4:  2.6691e-02  2.6691e-02  1e-07  2e-16  8e-08
 5:  2.6691e-02  2.6691e-02  1e-09  8e-17  8e-10
Optimal solution found.
Optimal Weights:  [0.4509 0.28   0.2691]

Process finished with exit code 0
```

图 8-4 投资组合优化结果

8.3.4 部署与优化

智能投资顾问的部署和优化是确保其高效运行和持续改进的关键。在部署过程中，系统需要进行全面的测试，确保其在高并发、高数据量情况下稳定运行。

(1) 部署

系统可以选择将其部署在云平台（如 AWS、Azure 等）上，以提供高可用性和弹性扩展性。具体部署步骤包括：

数据库和 API 的配置，确保数据能够及时同步和更新。

前端用户界面的开发与部署，确保用户能够轻松使用智能投资顾问。

安全性与合规性检查，确保用户数据的隐私得到有效保护。

(2) 优化

在系统上线后，持续的优化至关重要。优化方向包括：

算法优化：通过收集用户反馈和市场数据，不断优化推荐算法，提高投资决策的准确性。

性能优化：通过负载均衡、缓存机制等技术提升系统的响应速度和并发处理能力。

用户体验优化：基于用户使用数据，改善界面设计和操作流程，提升用户体验。

总结而言，智能投资顾问不仅能降低投资咨询的成本，还能提供更加个性化和精准的服务。通过合理的技术选型和架构设计，结合机器学习和数据分析技术，智能投资顾问能够在提供投资建议、优化资产配置和实时调整投资策略方面发挥重要作用。

9. 智慧城市

9.1 智慧城市概述

随着科技的迅速发展，特别是信息技术和人工智能的崛起，传统城市面临着新的挑战和机遇。智慧城市作为现代城市发展的趋势之一，旨在利用先进的技术手段，提升城市管理的效率，改善市民的生活质量，推动可持续发展。

智慧城市的核心是将信息技术、传感技术、物联网、大数据和人工智能等技术与城市的各个方面相结合，以实现对城市运行状态的实时监控、智能决策和高效管理。这种城市不仅是一个物理空间，更是一个高度数字化、信息化和智能化的社会系统，它通过智慧化的基础设施和服务，优化城市资源的配置，提升生活环境，促进经济和社会的可持续发展。

9.1.1 智慧城市的概念与发展

智慧城市的概念最早由 IBM 提出，强调通过信息和通信技术（ICT）来改善城市的管理、提高能源效率、降低污染并增强市民的生活质量。随着全球城市化进程的加速，尤其是在一些大城市面临的交通拥堵、环境污染、资源短缺等问题日益严重，智慧城市的理念应运而生，智慧城市的发展不仅仅是技术上的突破，更是理念和城市治理方式的变革。

在智慧城市的架构中，通常涉及四个核心组成部分：

智慧基础设施：包括智能交通、智能建筑、智能电网等，通过传感器和网络设备收集城市的实时数据。

智能服务：如智能医疗、智能教育、智能公共安全等，基于大数据和 AI 算法为市民提供更加便捷和精准的服务。

智慧政府：利用数据分析和智能决策支持系统来提升政府管理效率，实现城市治理的现代化。

智慧市民：促进市民的智能化生活方式，使他们能够利用智能设备和应用程序优化个人生活。

随着科技的不断进步，智慧城市的概念已逐步从单一的技术应用扩展到整体城市系统的集成创新，覆盖交通、能源、环境、教育、医疗等各个领域，最终的目标是提升城市的可持续性、韧性与宜居性。

9.1.2 AI 在智慧城市中的应用

人工智能在智慧城市中的应用，是推动其发展和优化的关键技术之一。AI 通过大数据分析、机器学习、深度学习等技术，能够有效地提升城市的各项功能，促进城市的智能化升级，图 9-1 列出了几个 AI 技术在智慧城市中的主要应用领域。

表 9-1　AI 在智慧城市中的应用

应用领域	具体应用	技术支持	效果与优势
智能交通管理	智能信号灯、交通流量预测	AI、物联网	减少交通拥堵，提高通行效率
智能环境监测与管理	空气质量监测、污染预警	AI、大数据	及时发布预警，优化治理策略
智能公共安全	人脸识别、异常行为检测	AI、视频分析	提高治安管理的效率与精准性
智能医疗与健康管理	AI 辅助诊断、健康数据分析	AI、传感技术	提高诊断准确性，优化健康管理
智能能源管理	智能电网、能源需求预测	AI、物联网	提升能源利用效率，减少浪费

（1）智能交通管理

智能交通系统（ITS）是智慧城市的重要组成部分。AI 通过实时数据分析预测交通流量，智能调整信号灯和交通路线，自动调节公交系统和出租车服务，甚至实现无人驾驶的交通工具，在交通领域大幅度提升交通效率，减少交通拥堵和事故发生。通过车联网技术，车辆与道路、其他车辆和交通信号设施实现信息互联，形成更加高效的交通生态，例如，通过使用深度学习算法，交通监控摄像头可以实时识别交通违章行为，自动进行罚款处理，减轻人工监控的压力。在高峰时段，智能交通管理系统还可以动态调整信号灯的时长，优化车流量。

（2）智能环境监测与管理

AI 在环境监测方面的应用，可以通过分析传感器数据来检测空气质量、噪声污染、水质等环境因素，为城市管理者提供实时、准确的环境数据，这些数据不仅有助于城市环境的优化，还能预防污染事件的发生。例如，在空气质量监测中，AI 能够实时监控城市的空气成分，并利用机器学习算法预测未来几小时或几天的空气质量变化趋势，基于这些预测，政府可以及时发布预警信息，调整交通控制、限制工业排放等措施，防止污染的进一步加剧。

（3）智能公共安全

公共安全是城市治理的另一个重要领域，AI 在公共安全领域的应用包括视频监控、面部识别、异常行为检测、智能巡逻等。通过 AI 技术，城市可以实现对犯罪活动、突发事件的快速响应。例如，结合人脸识别技术的智能监控系统，可以在公共场所对人群进行实时监控，识别潜在的犯罪嫌疑人，甚至在事发之前进行预测。此外，AI 还可以与警务大数据进行结合，通过分析历史案件、犯罪模式等数据，预测犯罪的高发区域和时段，帮助警方部署警力，降低犯罪率。

（4）智能医疗与健康管理

在智慧城市中，AI 为城市居民提供了更加高效、便捷的医疗健康服务，通过 AI 辅助诊断、远程医疗、健康数据分析等技术，城市居民可以享受到个性化、精准的健康管理服务。

AI 可以通过分析患者的医疗记录、影像数据和遗传信息，辅助医生进行早期疾病筛查和精准诊断。例如，AI 在影像诊断中的应用可以提高医学影像的解析速度与准确性，及时发现肿瘤等隐患，提高疾病治愈率。此外，AI 还可以通过智能穿戴设备收集市民的健康数据，实时监控心率、血糖等指标，提前预测健康风险，并通过智能应用推送个性化的健康建议和预警，帮助市民管理自己的健康。

（5）智能能源管理

智能能源管理系统利用 AI 技术对城市的能源使用进行监控和优化，以减少浪费并提升能源利用效率，通过实时数据分析，AI 可以预测城市不同区域的能源需求，并自动调节电力分配，优化能源消耗。例如，AI 可以在智能电网中应用，根据天气情况和历史用电数据预测各区域的电力需求，从而调整发电计划，减少能源浪费，避免电力短缺。同时，AI 还能在居民用电方面提供节能建议，促进绿色能源的使用。

（6）智能城市管理与服务

AI 还可用于城市管理的各个方面，从垃圾处理、城市规划到公共设施的维护，通过自动化与智能化，城市管理能够更加高效、精准地运作。例如，垃圾分类系统可以通过 AI 图像识别技术自动分拣垃圾，提升垃圾处理的效率和准确性。此外，AI 还可以帮助城市管理者分析各种基础设施的运行状态，提前预测设备故障，及时进行维护，保证公共服务设施的正常运转。

智慧城市的建设依赖于多个技术的融合，而人工智能无疑是推动这一变革的核心技术之一。随着 AI 技术的不断发展和完善，智慧城市的功能和应用将愈加丰富，最终形成一个更加智能、高效、绿色、宜居的未来城市生态系统。

9.2 智能交通与公共安全

随着城市化进程的加速和智能技术的飞速发展，智能交通和公共安全管理已经成为智慧城市的两个重要组成部分。通过应用先进的技术手段，特别是人工智能、物联网、大数据等，城市交通管理和公共安全监控得到了显著提升，这些技术不仅提高了城市运行的效率，还极大地增强了市民的生活质量和安全感。

9.2.1 智能交通管理

智能交通管理是智慧城市建设中的一项关键技术，它依赖于先进的信息技术和智能设备来优化交通流、减少拥堵、提高道路安全、降低污染并节约能源。随着交通量的不断增加，传统的交通管理方式已经无法满足需求，智能交通系统（ITS）应运而生，ITS 通过综合利用传感器、网络通信、人工智能和数据分析等技术，实时监控、调度并优化交通流，从而实现更高效的城市交通管理。如表 9-2 所示。

表 9-2 智能城市应用领域

应用领域	具体应用	技术支持	效果与优势
智能交通信号控制	动态调整红绿灯、减少交通堵塞	AI、大数据、物联网	提高交通流畅度，降低拥堵率
交通流量预测与调度	交通流量预测、资源优化调度	机器学习、大数据	精准预测交通需求，减少高峰拥堵
智能停车管理	实时空闲停车位查询、动态调节价格	物联网、AI	优化停车资源分配，提高停车便捷度
智能视频监控	异常行为检测、人脸识别	AI、视频分析	提高公共安全管理效率，快速响应安全事件
智能预警与应急响应	自动预警、应急措施启动	AI、大数据、传感器	提高突发事件的响应速度，减少损失

（1）智能交通信号控制

传统的交通信号灯通常根据固定的时间间隔进行切换，难以适应复杂的交通流变化，智能交通信号控制系统通过实时感知交通流量，动态调整红绿灯时长，从而优化通行效率。例如，交通摄像头和地磁传感器可以检测到车辆的数量、速度和密度，智能算法则根据这些信息来调整信号灯周期，以应对高峰时段的交通拥堵，通过这种方式，智能交通信号控制系统能够显著减少车辆等待时间，提升路网的通行能力。

（2）交通流量预测与调度

智能交通管理系统还可以利用大数据分析和机器学习技术对交通流量进行预测，并优化交通调度。在大型城市中，交通流量波动较大，且受天气、节假日和突发事件等多种因素的影响，AI 模型能够基于历史数据和实时数据，预测未来几小时或几天内的交通流量趋势，从而帮助交通管理部门进行精准的资源调配。通过与智能信号灯系统、公共交通调度系统等的协同工作，AI 能够有效减少交通堵塞，提高城市交通的整体效率。

（3）智能停车管理

停车难是许多城市面临的一大问题。智能停车管理系统通过利用物联网技术和传感器，实时监控和管理停车位的使用情况，停车场内的传感器能够检测每个车位是否被占用，并将这些信息通过网络传输给中央系统，市民可以通过智能手机应用实时查看周围的空闲停车位，消除了寻找停车位的烦恼。此外，智能停车系统还能够动态调节停车费率，根据停车位的紧张程度调整价格，从而有效调节需求，优化停车资源的分配。

（4）无人驾驶与智能交通工具

无人驾驶技术正在快速发展并逐步投入实际应用，成为智能交通管理的另一个重要组成部分。无人驾驶汽车通过高度集成的传感器和智能算法，能够自主识别道路、交通信号、障碍物等环境信息，从而实现自动驾驶，这种技术不仅能够减少交通事故，还能提升道路的使用效率，减轻交通压力。与智能交通信号控制系统和车辆联网技术相结合，无人驾驶汽车能够与其他交通工具共享实时信息，协同优化道路使用，进一步提高交通系统的智能化水平。

9.2.2 公共安全监控

公共安全监控是智慧城市建设中的又一重要领域，涉及城市内的各类安全管理，如治安、消防、交通事故、灾害应急等。传统的安全管理模式通常依赖人工巡查和传统的监控设备，效率低下且容易疏漏，随着人工智能、视频分析和大数据技术的不断发展，现代化的智能监控系统能够提供更高效、精确的公共安全保障。

（1）智能视频监控与人脸识别

智能视频监控系统利用人工智能技术对监控视频进行实时分析，能够自动识别异常行为、识别可疑人物或车辆，快速识别出潜在的安全威胁。人脸识别技术是智能视频监控的一个重要应用，通过分析人脸图像来比对数据库中的身份信息，能够精准地识别嫌疑人，提升公共安全事件的响应速度。在一些公共场所，如机场、地铁站、车站等地，安装了大量的高清摄像头和人脸识别系统，这些设备能够在人员进出时进行即时身份验证，大大提高了场所的安全性。

（2）智能预警与应急响应

智能公共安全监控系统不仅可以监控实时情况，还能够根据预设的危险情境自动发出预警。例如，智能监控系统能够识别火灾烟雾、突发暴力事件或公共场所中的异常行为，一旦发现异常，系统会立刻向安保人员或相关部门发出警报，甚至启动自动灭火系统、广播通知等应急响应措施。通过这种智能化的预警与响应机制，能够显著提高安全事件的处理效率，减少灾难带来的损失。

（3）智能巡逻机器人与无人机

智能巡逻机器人和无人机已经成为一些城市公共安全管理的补充工具。巡逻机器人可以在城市的各个公共场所进行自主巡逻，监控周围环境，检测可疑活动或潜在的安全威胁，它们通常配备有摄像头、传感器和语音识别系统，能够进行实时录像和报警，并与指挥中心进行信息共享。无人机则在大范围的城市监控中发挥作用，能够快速覆盖大面积区域，进行空中巡逻，实时传输高清图像，并配备热成像技术，可以在夜间或低能见度环境下发挥作用。

（4）跨部门数据共享与联合响应

现代城市的公共安全管理不仅依赖于单一的监控系统，更需要不同部门之间的数据共享与联合响应，AI 技术能够将各类数据，如交通数据、天气数据、社交媒体信息、视频监控数据等，进行集成分析，以提供更全面的安全监控与预测。例如，通过分析社交媒体上的异常信息，结合视频监控数据，AI 能够提前识别潜在的暴力事件或自然灾害，各个部门之间可以通过统一的数据平台共享信息，提高响应速度，增强城市安全管理的协同效应。

通过智能交通与公共安全监控系统的建设与运作，智慧城市能够有效应对日益复杂的城市管理挑战，提升市民的生活质量，保障公共安全，这些技术的融合不仅能够减少事故发生率，还能够大幅提升城市的运行效率，为市民创造更加安全、便捷的生活环境。随着技术的不断发展，未来的智能交通与公共安全监控系统将更加智能化、精准化，并为城市的可持续发展提供有力支撑。

9.3 案例分析：智慧城市管理平台

在智慧城市的建设过程中，数据的采集、存储、分析和展示是核心环节之一。交通管理是智慧城市中最为基础和重要的部分之一，它涉及实时监控、数据处理和城市规划的决策支持，为了实现这一目标，开发一个智慧城市管理平台，不仅需要强大的数据处理能力，还需要灵活的系统架构，能够实时响应来自城市各个角落的动态数据。下面将详细探讨如何开发一个智慧城市管理平台，重点围绕交通流量的监控和分析，展示从数据采集到最终展示的整个流程。

9.3.1 项目背景与需求分析

智慧城市管理平台的首要目标是实时获取城市中各个交通节点的数据，进行分析并为城市管理提供决策支持。在交通管理领域，数据通常来自于道路上的传感器、摄像头以及交通监控系统，通过对这些数据的实时处理，管理人员可以及时掌握交通流量、事故状况、拥堵情况等信息，并采取相应措施来提高道路效率，减少交通事故和拥堵。

为了实现这一目标，平台必须具备以下几个基本功能：

数据采集：平台需要从多个交通传感器或摄像头收集实时数据，如交通流量、车速、交通信号状态等。

数据存储：收集到的数据需要高效地存储，确保数据的持久性和查询效率。

数据分析：对存储的数据进行分析，挖掘出有价值的信息，如高峰时段的交通流量、交通拥堵点等。

数据可视化：平台需要提供清晰的界面，展示实时数据及历史数据的分析结果，帮助管理人员做出决策。

系统优化：由于平台将处理大量实时数据，系统架构需要支持高并发、高吞吐量的负载，并能进行持续的优化。

9.3.2 技术选型与架构设计

在技术选型上，考虑到平台的实时性、可扩展性和数据处理能力，我们选用了一些成熟的技术来搭建系统。

数据库：数据存储采用 SQLite 来作为初步的演示，SQLite 是轻量级的嵌入式数据库，适合小型应用。然而，随着数据量的增加，实际项目中可以切换为 MySQL 或 PostgreSQL 等更高效的关系型数据库，支持分布式架构。

数据采集：数据采集模块通过 API 从传感器和摄像头获取数据。这里可以使用 HTTP 协议来从设备端传输 JSON 格式的数据，利用 Python 的 requests 库进行数据采集。

数据分析：数据分析部分使用 Python 进行，主要依赖于 pandas 和 numpy 库处理数据，使用 matplotlib 和 seaborn 进行数据可视化。

前端展示：前端展示模块采用 Flask 作为 Web 框架，结合 HTML、CSS 和

JavaScript，实时展示交通流量图表和地图信息。

系统架构：采用微服务架构，分别为数据采集服务、数据处理服务、数据展示服务等构建独立的服务模块，使用 Docker 容器化管理，确保系统的可扩展性。

9.3.3 实现步骤与代码示例

在实现过程中，可以将平台分为几个阶段：数据采集、数据分析与展示。首先，通过模拟交通传感器数据来实现数据采集，并将这些数据存入 SQLite 数据库中。

（1）数据采集与存储

在实际场景中，交通数据来自于各种传感器，模拟这种数据的采集过程，并将其存入数据库。以下是用 Python 模拟数据采集并插入 SQLite 数据库的代码：

```
import sqlite3
import random
from datetime import datetime
import os

# 检查数据库文件是否存在，如果存在则删除它(重新创建)
if os.path.exists('smart_city.db'):
      os.remove('smart_city.db')

# 重新连接到数据库
conn=sqlite3.connect('smart city.db')
cursor=conn.cursor()

# 创建 traffic_data 表，如果表已存在，则不会重复创建
cursor.execute('''
CREATE TABLE IF NOT EXISTS traffic_data (
    id INTEGER PRIMARY KEY AUTOINCREMENT,
    sensor_id TEXT NOT NULL,
    vehicle_count INTEGER NOT NULL,
    timestamp TEXT NOT NULL
)
''')
```

```
    # 插入模拟数据（如果表为空，插入一些示例数据）
    for_in range(10):  # 插入数据数量，可自行调整
        sensor_id=random.choice(['sensor_01', 'sensor_02', 'sensor_03',
'sensor_04'])
        vehicle_count=random.randint(50, 200)
        timestamp=datetime.now().strftime('%Y-%m-%d %H:%M:%S')

        cursor.execute('''
        INSERT INTO traffic_data (sensor_id, vehicle_count,
timestamp)
        VALUES (? , ? , ? )
        ''', (sensor_id, vehicle_count, timestamp))

    # 提交更改并关闭连接
    conn.commit()
    conn.close()
```

（2）数据分析与展示

接下来，从数据库中提取数据并进行分析，为了便于展示和理解数据，可以利用 matplotlib 库将数据可视化（图 9-1）。以下是绘制交通流量的简单示例：

```
    import sqlite3
    import matplotlib.pyplot as plt
    import random

    # 重新连接到数据库
    conn=sqlite3.connect('smart_city.db')
    cursor=conn.cursor()

    # 查询每个传感器的总车辆数
    cursor.execute('''
    SELECT sensor_id, SUM(vehicle_count) AS total_vehicles
    FROM traffic_data
    GROUP BY sensor_id
    ''')

    # 获取数据
    rows=cursor.fetchall()
    sensor_ids=[row[0] for row in rows]
```

```
    total_vehicles=[row[1] for row in rows]

    # 为每个条形图指定不同的颜色
    colors=[random.choice(['red', 'green', 'blue', 'orange', 'purple',
'cyan', 'magenta', 'yellow', 'brown', 'pink'])for_in sensor_ids]

    # 创建图表，并为每个条形图设置颜色
    bars=plt.bar(sensor_ids, total_vehicles, color=colors)

    # 为每个条形图设置标签
    for i, bar in enumerate(bars):
          bar.set_label(f'Sensor {sensor_ids[i]}')

    # 添加图注
    plt.xlabel('Sensor ID')
    plt.ylabel('Total Vehicle Count')
    plt.title('Total Vehicle Count by Sensor')

    # 设置图例
    plt.legend()

    # 显示图表
    plt.show()

    # 关闭连接
    conn.close()
```

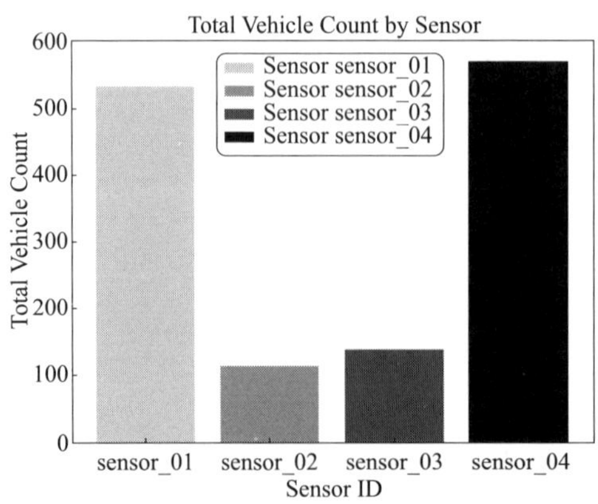

图 9-1　数据的可视化

通过这些代码，我们可以模拟交通数据的采集、存储、分析和可视化，帮助管理人员实时掌握城市交通状况。

9.3.4 部署与优化

部署平台时，需要注意系统的高可用性和扩展性，在实际操作中，由于交通数据量庞大且实时性要求较高，平台的数据库应采用更加高效的解决方案，如 MySQL 或 PostgreSQL。此外，采用分布式数据存储和处理架构能显著提高系统的性能和可扩展性。

为了保证平台的稳定性，可以使用容器化技术（如 Docker）来部署各个微服务模块，并通过 Kubernetes 进行容器编排，这种方式能够灵活地扩展各个模块的资源，确保平台在高并发场景下的响应能力。

在优化方面，以下措施可以提高系统的性能：

数据库优化：利用数据库索引、查询优化等技术提升数据库的性能。

缓存机制：使用 Redis 等缓存技术来减轻数据库压力，加速数据查询。

数据分区与分布式架构：当数据量达到一定规模时，可以采用数据分区技术，将数据分布到不同的节点上，提高查询效率。

通过这些优化手段，智慧城市管理平台将能够处理更大规模的城市数据，并为管理者提供及时、准确的信息。

10. 工业制造

10.1 工业制造 AI 概述

随着科技的不断进步，人工智能（AI）技术在各个行业中的应用已经成为了推动行业升级的重要动力。工业制造领域，作为全球经济的核心支柱之一，也正在经历着一场由人工智能引领的革命，工业 4.0 的提出和发展为人工智能在制造业中的应用提供了一个全新的平台，推动着制造业朝着更加智能化、自动化、数字化的方向发展。本节将从工业 4.0 与 AI 技术的关系出发，探讨 AI 在制造业中的应用。

10.1.1 工业 4.0 与 AI 技术

工业 4.0 是指以智能制造为核心，通过智能设备、人工智能、大数据、物联网（IoT）等技术的结合，实现生产过程的全面数字化、网络化、智能化。工业 4.0 的核心目标是通过先进的信息技术和自动化技术，实现生产效率的大幅提升，同时也降低生产成本和能源消耗，提高产品质量和定制化能力。

在工业 4.0 的框架下，人工智能技术作为一种核心支撑技术，起到了至关重要的作用。AI 技术通过机器学习、深度学习、自然语言处理等方法，能够处理和分析大量的生产数据，并基于这些数据进行预测和优化决策，与传统的自动化技术相比，AI 技术具有更强的学习和适应能力，使得制造过程能够更加智能地适应不同的生产需求和环境变化。

AI 技术与工业 4.0 的结合，不仅为传统制造业带来了技术上的革新，也为未来的智能制造提供了广阔的发展前景。通过 AI 技术，制造业可以实现设备的智能诊断、产品的精准设计、生产过程的优化控制等功能，从而大大提高生产效率和产品的市场竞争力。

10.1.2 AI 在制造业中的应用

AI 技术在制造业中的应用正在逐步从单一的自动化控制向全面智能化转变。表 10-1 是 AI 在制造业中的几个主要应用场景。

表 10-1 AI 在制造业中的应用

应用场景	描述	技术支持
智能生产与自动化控制	通过 AI 进行生产过程的动态调整与优化，提高效率，降低成本	传感器数据、机器学习、深度学习
质量检测与控制	利用 AI 进行自动化的产品质量检测，提升精度与检测速度	图像识别、计算机视觉
预测性维护	基于设备数据的实时分析预测设备故障，进行预防性维护	数据分析、机器学习
供应链优化	通过 AI 进行需求预测、库存管理和物流调度，提高效率	大数据分析、优化算法
定制化与个性化生产	利用 AI 进行定制化设计和生产流程优化，满足客户个性需求	智能设计、机器学习、自动化控制

（1）智能生产与自动化控制

AI 在智能生产中的应用最为广泛，尤其是在自动化控制和过程优化方面。在传统的生产过程中，机器和设备的运行主要依赖于固定的程序和操作规程，然而，这种方式往往无法适应快速变化的市场需求和生产环境。通过引入人工智能技术，制造商可以利用传感器收集生产过程中的实时数据，并通过 AI 算法进行分析，从而实现对生产过程的动态调整和优化，比如，AI 可以预测设备的故障时间，提前进行维护，减少停机时间，提高设备的使用效率。

（2）质量检测与控制

AI 在质量检测领域的应用已经取得了显著的成效。传统的质量检测通常依赖人工检查或者简单的机器检测，效率低且容易出现误判，而 AI 技术可以通过图像识别技术对产品进行自动化检测，精度更高，检测速度也大大提高。以生产线上对产品外观的检测为例，AI 系统能够通过训练模型识别出瑕疵、裂纹、色差等不符合标准的产品，并及时剔除，从而提高产品的整体质量和一致性。

（3）预测性维护

传统的设备维护通常采用预定的时间周期进行检查，这种方法无法根据设备的实际状况进行调整，可能导致过早或过晚的维护，增加成本和风险。AI 技术则能够通过监测设备的运行状态，分析设备数据，从中提取出设备故障的潜在信号，进行预测性维护，这种方法不仅能够减少不必要的维护，还能避免由于设备故障导致的生产中断，提高生产效率和安全性。

（4）供应链优化

在制造业中，供应链管理是影响生产效率和成本的关键因素之一。AI 技术在供应链优化中的应用，主要体现在需求预测、库存管理和物流调度等方面，通过机器学习模型，AI 能够分析历史数据和市场趋势，对未来的需求进行预测，帮助企业优化库存管理和生产计划。AI 还能够通过分析物流数据，优化运输路线和运输方式，从而降低运输成本和提高物流效率。

（5）定制化与个性化生产

随着消费者需求的多样化和个性化，定制化生产逐渐成为制造业的重要趋势。AI 技术可以帮助制造商实现大规模个性化定制生产，通过 AI 驱动的智能设计系统，制造商可以根据客户的需求，快速生成定制化的产品设计，并自动化地调整生产流程，以满足不同客户的需求。这种定制化生产方式不仅能够提高客户满意度，还能提升企业的市场竞争力。

总而言之，人工智能技术在工业制造中的应用正在逐步渗透到各个环节，改变了传统制造业的生产模式。从智能生产、质量控制、预测性维护到供应链优化、个性化定制等方面，AI 技术的应用不仅提高了生产效率，降低了成本，还推动了制造业的智能化转型。随着技术的不断进步和行业需求的日益增加，AI 在制造业中的应用将更加广泛，为企业带来更加深远的影响。

10.2 智能制造与质量控制

随着全球制造业的数字化转型，智能制造和质量控制已成为提升企业竞争力的关键所在。智能制造通过结合人工智能（AI）、物联网（IoT）、大数据分析和自动化技术，致力于提高生产效率、增强生产灵活性，并优化产品质量控制，质量控制作为确保产品符合标准的基础环节，其效果直接影响企业的市场口碑和客户满意度。通过智能化手段优化生产过程和质量检测，制造企业能够在提高效率的同时，保证产品质量的稳定性和一致性。如表 10-2 所示。

表 10-2　AI 在智能制造与质量控制领域的应用

应用领域	技术手段	应用效果
生产过程优化	物联网、AI、大数据、数字孪生、边缘计算	实时监控生产过程，预测故障，自动调整生产参数，提高生产效率
智能质量检测	计算机视觉、深度学习、图像识别、机器学习	自动化质量检测，提高检测精度，剔除不合格产品，提升产品一致性

10.2.1　生产过程优化

传统制造业中的生产过程通常受到多方面因素的干扰，包括设备状态、原材料的质量、操作人员的经验、生产环境等，这些因素可能导致生产效率低下或产品质量不稳定。而智能制造利用 AI、大数据和物联网等技术，通过实时监控和自动化调整，使生产过程更加精确和高效。

首先，智能制造通过物联网技术，将生产设备和生产线连接到一个集中的数据平台，实时获取设备的工作状态、生产数据及环境参数，通过数据采集和大数据分析，AI 系统能够分析生产过程中的关键因素，并预测可能的设备故障或质量问题。例如，AI 可以通过分析设备的振动、温度和运行速度等数据，预测设备故障，提前进行维护或调整，避免生产中断或质量问题的发生。此外，智能制造系统还能够实时调整生产参数，如温度、压力和速度等，以确保生产过程的最优状态，从而提升生产效率和产品质量。

数字孪生技术在生产过程优化中也发挥着重要作用。数字孪生技术通过创建与真实生产环境相对应的虚拟模型，模拟生产过程中的每一个环节，在这种虚拟环境中，可以进行不同条件下的实验和测试，从而优化生产过程和设备配置，提前预测可能的瓶颈和问题。例如，在汽车制造厂，数字孪生技术能够模拟不同生产环境下的汽车装配过程，帮助企业提前发现潜在的生产问题，从而优化生产线布局和工艺参数，通过这一方式，制造企业能够在减少成本和时间的同时，优化生产流程，提高生产效率。

智能制造还可以通过自动化和机器人技术提高生产线的灵活性和效率。例如，在电子产品组装过程中，机器人能够自动完成复杂的装配任务，极大提高生产速度，并减少人工操作带来的误差，通过 AI 系统的控制，机器人能够与其他生产设备和系统协同工作，实现整个生产线的高效运行。

10.2.2 智能质量检测

质量控制是制造业的核心环节之一，决定着产品的合格率、客户的满意度以及企业的市场竞争力。传统的质量检测依赖人工操作，效率较低且容易受到人为因素影响，随着 AI 技术的发展，智能质量检测逐渐成为提升质量控制精度和效率的关键技术。

智能质量检测主要依赖计算机视觉、深度学习和机器学习等技术，通过自动化的方式对生产过程中每一件产品进行实时检测。借助高清摄像头和传感器，AI 系统可以对产品的外观进行检测，识别是否存在缺陷，例如焊点是否完好、尺寸是否符合标准、颜色是否一致等，与人工检测相比，AI 系统能够在短时间内对大量产品进行检测，检测精度更高，速度更快，从而大幅提高质量控制的效率。

深度学习，特别是卷积神经网络（CNN），是目前智能质量检测中最常用的技术。通过对大量产品图像的训练，AI 系统可以自动学习到产品的特征，并能够根据这些特征判断产品是否符合质量要求。例如，在电子元器件的生产过程中，AI 系统可以通过图像识别检测电路板上的元件是否安装正确、焊接是否牢固、表面是否有瑕疵等，这些检测过程由 AI 系统自动完成，减少了人工操作的误差，并且大大提高了检测速度。

此外，AI 技术还能够通过数据分析实现生产过程中的质量预测。通过对生产线实时数据的分析，AI 系统能够识别出潜在的质量隐患。例如，AI 可以分析设备的运行状态、生产环境和原材料的质量，预测产品在生产过程中可能出现的质量问题，通过这些预测，企业可以提前采取措施，调整生产参数或更换原材料，从而避免不合格产品的产生。

在智能质量检测的应用中，AI 系统与传统图像处理技术的结合尤为重要。传统的图像处理技术依赖于人为设定的算法和规则，而 AI 技术通过大量数据训练，使得质量检测变得更加智能化和精准，通过深度学习技术，AI 系统能够不断学习新的检测特征，提高质量检测的准确性和适应性。例如，在汽车生产过程中，AI 系统可以自动识别车身表面是否有刮痕、凹陷等缺陷，并通过图像识别判断这些缺陷的严重程度，从而确保每一辆车都符合出厂标准。

智能制造和质量控制是推动制造业转型升级的重要手段。如表 10-2 所示，通过结合 AI 技术，智能制造可以优化生产过程，提升生产效率，减少人为干预，同时保证生产过程的稳定性，而智能质量检测则能够实现对每一件产品的高效检测，减少质量问题的发生。并且随着 AI 技术的不断发展和应用，智能制造与质量控制将更加紧密结合，推动制造业进入一个更高效、更精准、更智能的新时代，未来制造企业将通过不断创新和应用智能技术，在提高生产效率的同时，进一步提升产品质量，增强企业在市场中的竞争力。

10.3 案例分析：智能制造系统

智能制造系统的构建不仅要求综合应用先进的技术，还需要根据实际生产场景设计灵活、可扩展的解决方案，为了应对不断变化的市场需求和生产挑战，智能制造系统不仅可以实现自动化的生产控制，还能实时分析生产数据，优化生产过程，并提高产品质量。接下来，通过一个智能制造系统的案例分析，帮助读者理解如何将这些技术应用到实际项目中。

10.3.1 项目背景与需求分析

在这个案例中，客户是一家生产高精度电子元件的制造企业，致力于提升生产效率、降低生产成本，并确保产品质量的稳定性。该企业面临的主要问题包括：生产设备效率不高，人工质量检测的误差较大，生产线的管理缺乏智能化，且存在较多的停机维护时间。为了提升企业的整体运营效率并满足市场对高质量产品的需求，企业决定引入智能制造系统。

项目需求主要包括：

生产设备监控与预测维护：利用物联网技术和传感器对生产设备进行实时监控，分析设备的运行状态，预测故障，并提前安排维护，避免突发停机。

生产过程自动化与优化：引入 AI 技术对生产线进行智能调度和优化，确保生产过程的高效稳定。

质量检测自动化：使用计算机视觉技术对每一件产品进行自动化质量检测，

确保产品符合质量标准，减少人为错误。

数据分析与决策支持：通过大数据分析，实时获取生产数据并对其进行分析，提供决策支持，帮助管理层做出生产优化的决策。

10.3.2 技术选型与架构设计

为满足上述需求，选择以下技术组合：

物联网与传感器技术：利用物联网技术连接各个生产设备，并通过传感器实时采集设备的运行状态数据，如温度、压力、振动等。这些数据被传输至中央数据平台，用于实时监控和故障预测。

AI 与机器学习：使用深度学习和机器学习算法对生产数据进行分析和处理。例如，通过机器学习算法预测设备的故障时间，提前进行维护，避免生产线停机。机器视觉技术则被用于自动化的质量检测。

大数据与云计算：生产过程中产生的海量数据通过云计算平台进行存储和分析。数据分析模块结合人工智能技术，通过对生产数据的深度挖掘，为生产优化提供依据。

边缘计算：部分实时监控任务通过边缘计算设备进行处理，减少数据传输延迟，提高响应速度。

系统架构设计：

系统架构采用分布式架构，包括三个主要部分：设备层、数据层和应用层。

设备层：由生产设备、传感器、PLC（可编程逻辑控制器）等硬件组成，负责采集生产数据并向数据层发送。

数据层：包含数据存储系统、数据处理平台和计算单元，用于对采集的数据进行存储、分析和处理。

应用层：基于分析结果，提供决策支持、生产调度和质量检测等功能的业务系统。

10.3.3 实现步骤与代码示例

本项目的实现过程主要分为以下几个步骤：

数据采集与传输：首先，通过物联网设备将生产设备的传感器数据采集并上传到云平台。每台设备上安装有多个传感器，如温度传感器、振动传感器、压力传感器等，这些传感器能够实时监测设备的运行状态。

数据分析与设备故障预测：通过机器学习模型对传输过来的数据进行分析，预测设备的故障概率。使用历史数据训练机器学习模型，使得系统可以在数据流入时自动预测潜在的设备故障。

质量检测：采用计算机视觉技术对生产线上的每一件产品进行自动化质量检测。通过深度学习模型（如卷积神经网络 CNN），系统能够检测出产品的瑕疵和缺陷。

生产调度与优化：通过 AI 算法优化生产过程。系统基于实时数据调整生产线的配置和生产节奏，以达到最优的生产效率。

以下是一个简单的设备故障预测模型的代码示例，假设我们已经采集到设备的传感器数据，并将其存储为 CSV 文件。首先生成模拟数据，其生成结果见图 10-1：

```
    import numpy as np
    import pandas as pd

    # 设置随机种子以确保结果可重现
    np.random.seed(42)

    # 模拟传感器数据
    n_samples=1000   # 设定数据量

    # 特征数据(如温度、湿度、振动等)
    temperature=np.random.normal(30, 5, n_samples)    # 假设温度正态
分布，均值30，标准差5
    humidity=np.random.normal(60, 10, n_samples)      # 湿度正态分
布，均值60，标准差10
    vibration=np.random.normal(0.5, 0.2, n_samples)   # 振动正态分
布，均值0.5，标准差0.2

    # 故障概率调整：此概率用于控制故障的生成概率
    fault_probability=0.1 * temperature + 0.05 * humidity + 0.2 *
vibration

    # 正常故障标签的比例调整（确保不是所有数据都是故障）
    # 将概率值压缩到 [0, 1] 范围内
    fault_probability=np.clip(fault_probability/fault_
probability.max(), 0, 1)
```

```
# 假设生成一个更平衡的标签：有20%的故障数据，80%正常数据
fault=(fault_probability>0.8).astype(int)    # 以0.8为阈值生成故障标签

# 创建 DataFrame
data=pd.DataFrame({
    'temperature': temperature,
    'humidity': humidity,
    'vibration': vibration,
    'fault': fault
})

# 保存为 CSV 文件
data.to_csv('device_data.csv', index=False)

# 输出数据的前5行，查看生成的数据
print(data.head())

# 输出标签分布
print(f"故障标签分布：\n{data['fault'].value_counts()}")
```

```
   temperature   humidity  vibration  fault
0    32.483571  73.993554   0.364964      0
1    29.308678  69.246337   0.471096      0
2    33.238443  60.596304   0.341516      0
3    37.615149  55.530632   0.438408      0
4    28.829233  66.982233   0.121277      0
故障标签分布：
fault
0    913
1     87
Name: count, dtype: int64

Process finished with exit code 0
```

图 10-1　模拟数据生成结果

该代码生成了模拟的传感器数据并创建了一个包含设备故障标签的DataFrame，数据包括温度、湿度、振动等信息，以及基于这些特征计算出的设备故障标签。

在设备故障预测中，我们使用以下机器学习代码来训练一个简单的神经网络模型进行预测：

```
import tensorflow as tf
from tensorflow.keras.models import Sequential
from tensorflow.keras.layers import Dense
from sklearn.model_selection import train_test_split
import pandas as pd

# 加载设备数据
data=pd.read_csv('device_data.csv')

# 提取特征与标签
X=data.drop(columns=['fault'])          # 特征数据
y=data['fault']                         # 标签：是否故障

# 切分数据集
X_train, X_test, y_train, y_test=train_test_split(X, y, test_size=0.2, random_state=42)

# 创建神经网络模型
model=Sequential([
    Dense(64, activation='relu', input_shape=(X_train.shape[1], )),
    Dense(32, activation='relu'),
    Dense(1, activation='sigmoid')  # 输出是否故障的概率
])

# 编译模型
model.compile(optimizer='adam', loss='binary_crossentropy', metrics=['accuracy'])

# 训练模型
model.fit(X_train, y_train, epochs=10, batch_size=32)

# 评估模型
loss, accuracy=model.evaluate(X_test, y_test)
```

```
print(f"模型准确率: {accuracy * 100:.2f}%")
```

该代码实现了一个简单的神经网络模型，通过设备的传感器数据来预测设备是否故障，由图 10-2 可知，模型预测设备是否故障的准确率为 91%。在实际应用中，设备的故障预测模型可能会更复杂，涉及更多特征和更精细的处理步骤。

```
Epoch 1/10
25/25 [==============================] - 1s 1ms/step - loss: 2.6992 - accuracy: 0.5375
Epoch 2/10
25/25 [==============================] - 0s 1ms/step - loss: 0.6167 - accuracy: 0.9137
Epoch 3/10
25/25 [==============================] - 0s 1ms/step - loss: 0.3796 - accuracy: 0.9137
Epoch 4/10
25/25 [==============================] - 0s 1ms/step - loss: 0.3434 - accuracy: 0.9137
Epoch 5/10
25/25 [==============================] - 0s 1ms/step - loss: 0.3417 - accuracy: 0.9137
Epoch 6/10
25/25 [==============================] - 0s 1ms/step - loss: 0.3399 - accuracy: 0.9137
Epoch 7/10
25/25 [==============================] - 0s 1ms/step - loss: 0.3389 - accuracy: 0.9137
Epoch 8/10
25/25 [==============================] - 0s 2ms/step - loss: 0.3377 - accuracy: 0.9137
Epoch 9/10
25/25 [==============================] - 0s 1ms/step - loss: 0.3363 - accuracy: 0.9137
Epoch 10/10
25/25 [==============================] - 0s 1ms/step - loss: 0.3413 - accuracy: 0.9137
7/7 [==============================] - 0s 1ms/step - loss: 0.3459 - accuracy: 0.9100
模型准确率: 91.00%
```

图 10-2　模型训练结果

10.3.4　部署与优化

系统的部署是智能制造项目中至关重要的一步，为了确保系统能够高效、稳定地运行，需要进行以下几个步骤：

系统部署：在生产车间安装必要的传感器和设备，配置边缘计算节点，确保生产数据能够实时传输到云平台。同时，云平台上的数据分析模块和机器学习模型需要进行配置和部署，保证实时分析的能力。

性能优化：部署后，需要对系统进行性能优化。例如，确保数据传输的效率，减少延迟，并确保故障预测的准确性。此外，还可以通过优化机器学习模型的参数，提升故障预测的精度。

实时监控与维护：为了确保智能制造系统的正常运行，需要对系统进行24小时监控，及时发现并解决可能出现的问题。同时，定期对设备进行维护和升级，确保系统能够适应不断变化的生产需求。

持续改进：在系统运行过程中，持续收集反馈数据，通过不断优化机器学习模型和调整生产调度策略，逐步提升系统的精度和生产效率。

11. 项目管理与开发实践

11.1 项目管理策略

在 AI 大模型应用的开发中，项目管理策略至关重要。AI 大模型的开发涉及多个复杂的技术领域，并且面临不断变化的需求和挑战，因此，合理的项目管理策略能够有效地指导项目团队高效执行，控制项目风险，并确保项目在规定时间内完成。AI 项目的成功不仅依赖于技术能力，还需综合考虑项目规划、需求分析、资源配置、团队协作以及风险管理等多个方面，以下将介绍项目管理中的两个关键环节：项目规划与需求分析、敏捷开发与持续集成。

11.1.1 项目规划与需求分析

项目规划和需求分析是确保 AI 大模型项目成功的基础。良好的规划能够帮助团队明确开发目标、合理分配资源，并高效应对开发过程中可能遇到的挑战；需求分析则是项目成功的前提，它帮助团队理解业务需求、技术要求及用户期望，为后续的设计与开发工作提供清晰的方向。

（1）项目规划的关键步骤

需求调研与分析：在项目启动阶段，需求调研和分析是至关重要的第一步。为了确保开发的 AI 大模型能够满足客户和市场需求，项目团队需要与利益相关者（如客户、业务部门、终端用户等）进行广泛的沟通，收集他们的需求并进行深入分析，这一过程的核心任务是识别项目的功能需求、性能要求、时间框架和预算限制。对于 AI 项目而言，需求分析不仅仅关注技术层面的功能，还应包括数据处理要求、隐私与安全、法律合规等因素。

目标设定与优先级划分：需求分析完成后，接下来需要设定项目的总体目标，并根据需求的紧迫性与重要性划分优先级。项目目标应具体且可衡量，例如，“在 6 个月内完成模型的初步训练并达到 85% 的准确率”，目标设定的清晰度直接影响项目进度的掌控能力，而优先级划分则能帮助团队在资源有限的情况下集中力量攻克最关键的技术难题。

资源规划与预算控制：AI 大模型的开发往往需要大量的计算资源，包括高性能计算机、GPU 集群以及云计算服务。因此，项目规划过程中需要对这些资源进行详细规划，并与预算相匹配。除此之外，开发人员的技术水平、团队规模及所需的开发工具也应纳入资源规划的范畴，合理的资源分配能够确保项目按时按质完成。

(2) 需求分析的重要性

需求分析不仅是技术层面的工作，也是确保项目方向正确的关键步骤。特别是 AI 大模型的开发，需求分析需要细致考虑多方面的因素，如用户需求、数据来源、隐私保护、算法选择等。在需求分析过程中，常用的方法包括“需求矩阵”和“用户故事”模型，其中需求矩阵帮助项目经理根据需求的重要性对项目需求进行优先级排序，确保有限的资源能够集中用于最关键的功能开发。

11.1.2 敏捷开发与持续集成

敏捷开发（Agile Development）与持续集成（Continuous Integration）是现代软件开发中常用的两种实践方法。敏捷开发注重灵活性与快速响应，能够适应项目中不断变化的需求；而持续集成则关注代码质量的控制，通过自动化测试与构建保证项目的稳定性与可维护性。将敏捷开发与持续集成结合使用，能够提升开发效率，减少项目风险，并确保交付高质量的软件产品。敏捷开发与传统开发方法的对比见表 11-1。

表 11-1　敏捷开发与传统开发方法的对比

特征	敏捷开发	传统开发（瀑布模式）
项目阶段	迭代式开发，每个迭代都是完整的开发周期	线性开发，每个阶段完成后才进入下一个阶段
需求变化应对	能快速应对需求的变化	需求变化可能导致项目重启或大幅调整

续表

特征	敏捷开发	传统开发（瀑布模式）
客户参与	持续与客户沟通，及时反馈需求	客户参与较少，通常仅在开发初期参与
项目进度管理	通过迭代周期控制项目进度	通过阶段性计划控制项目进度
测试与验证	持续集成与自动化测试，频繁验证	测试集中在项目开发的后期

（1）敏捷开发方法

敏捷开发是一种强调灵活、快速、迭代的开发方式，适用于需求不断变化、技术复杂度较高的 AI 大模型开发。在敏捷开发中，整个项目分为多个短期的开发周期（通常称为迭代），每个迭代都包含规划、开发、测试和回顾等环节，且每个迭代的输出都是一个可交付的工作版本，可以让客户或用户进行反馈，以便在下一个迭代中做出相应的调整。

迭代与增量交付：敏捷开发的核心是迭代与增量交付。每个迭代通常为 1 ～ 4 周，团队在每个迭代结束时都交付一个功能完善的模块或一个开发的里程碑，AI 项目中的增量交付可以是模型的某个阶段结果，例如初步的训练结果、算法优化后的版本、数据预处理模块等。

持续反馈与改进：敏捷开发强调频繁与客户沟通，并根据客户反馈进行调整。每个迭代结束后，开发团队需要举行回顾会议，总结开发过程中的经验与问题，以不断优化开发流程，通过这种方式，团队能够快速响应业务需求的变化，并对技术问题做出迅速调整。

（2）持续集成（CI）与持续部署（CD）

持续集成是指开发人员频繁将代码合并到主分支的做法，每次合并后都会触发自动化的构建和测试，其核心理念是通过频繁集成，尽早发现集成冲突和问题，避免项目后期出现严重的集成问题。

持续集成的基本流程：

代码提交：开发人员将新代码提交到版本控制系统（如 Git）。

自动化构建与测试：每次代码提交后，CI 系统会自动启动构建与单元测试，确保代码质量。

快速反馈：如果代码存在问题，CI 系统会迅速反馈给开发人员，允许他们立即修复错误。

部署与发布：经测试无误的代码可以自动部署到开发环境，甚至是生产环境。

持续集成的优势：

提高代码质量：自动化测试和构建过程能迅速发现代码中的缺陷，减少人工检查的时间与成本。

加快开发速度：通过自动化流程，减少手动操作，提高开发效率。

减少集成风险：频繁的代码集成可以防止后期出现大规模的集成问题。

持续部署与敏捷开发：

持续部署是指在持续集成的基础上，自动将通过测试的代码部署到生产环境，持续集成与持续部署能够实现从代码开发到产品交付的自动化，显著提高交付频率与响应速度。对于 AI 大模型的开发来说，这意味着开发人员可以更频繁地迭代模型、调整算法，并及时验证其效果。

总之，AI 大模型的开发项目涉及大量的技术细节和多变的需求，因此项目管理策略的有效性至关重要。通过合理的项目规划与需求分析，团队能够更好地识别风险、分配资源，并确保项目目标的实现，敏捷开发和持续集成的实践能够提升团队的灵活性与效率，使得项目能够适应不断变化的需求，并保证软件产品的高质量交付。这些策略和实践相互配合，共同推动 AI 大模型项目的顺利实施。

11.2 团队协作方法

AI 大模型的开发需要集结来自不同领域的专家，跨职能团队的协作成为项目成功的关键因素之一。团队的高效合作不仅能有效推动项目的进展，也能避免因角色不明确或沟通不畅导致的资源浪费与工作重复，在 AI 大模型开发的过程中，团队协作方法的优化能够显著提升工作效率、确保技术成果的质量，并加强团队成员之间的协同创新。以下将探讨团队组织与角色分配，以及跨职能团队协作的有效方法。

11.2.1 团队组织与角色分配

AI 大模型的开发是一项涉及复杂技术的任务，通常需要多个领域的专家共同参与，如数据科学家、工程师、算法专家、产品经理等。因此，合理的团队组织和明确的角色分配是高效合作的前提。

（1）团队组织架构

首先，项目经理（PM）通常负责项目的整体协调和管理，确保项目按照既定目标和进度推进。PM 需要与团队中的各个角色保持紧密沟通，确保各项任务的顺利开展，同时识别并解决可能出现的风险与问题，PM 的职责不仅包括制定项目计划，还包括分配任务、监控进度、协调各方资源、与客户沟通等。

在技术层面，AI 大模型项目通常会由多个小组组成，每个小组专注于不同的技术模块，例如，数据团队负责数据的收集与处理，算法团队负责模型的开发与优化，开发团队则负责实现系统架构与代码的编写。除此之外，还需要 UI/UX 设计师来优化用户界面与交互体验，产品经理则需要对接客户需求，并确保开发与业务目标的一致性。

为了实现高效的沟通和协调，团队通常采用矩阵式组织架构，即每个成员有明确的职能角色，但也能够在项目需求的推动下参与到多个工作组中，这样既保证了成员专业能力的集中体现，又能通过灵活的协作机制最大化团队整体的效能。

（2）角色分配与责任界定

角色分配和责任界定对于 AI 大模型开发项目来说尤为重要。

数据科学家与工程师：负责数据的预处理、特征工程、数据清洗及处理等工作，确保数据质量的同时提供支持开发模型的高质量输入。

算法专家：主要负责 AI 大模型的算法设计与优化，深度学习网络的结构调整、模型训练、超参数调优等工作，算法专家往往具有较强的理论基础与算法研究能力。

开发工程师：开发工程师负责将算法专家设计的模型进行代码实现、接口设计和性能优化，并确保模型能够顺利部署到生产环境中；开发工程师还需要解决大规模计算问题，确保计算资源的有效使用。

产品经理：负责与客户和其他相关部门进行沟通，梳理并确定需求，负责将客户需求转化为技术实现的具体方案。产品经理还需对项目进度、预算、质量等方面进行控制。

UI/UX 设计师：负责用户界面的设计与优化，确保最终产品的用户体验能够符合市场和客户的期望。尤其是在开发 AI 驱动的应用时，UI/UX 设计师需要与技术团队密切合作，确保产品设计既符合用户需求，又能实现技术可行性。

每个团队成员的角色需要明确，且每个人的职责要清晰划分，以防止出现资源浪费或工作重复的情况。通过这种角色分配，团队能够更有效地分工合作，并将各自的优势最大化，推动项目的顺利进行。

11.2.2 跨职能团队协作

跨职能团队协作指的是来自不同背景、不同技能领域的专家在同一项目中合作，共同解决问题。在AI大模型开发项目中，跨职能团队协作尤为重要，因为它需要集成来自数据科学、机器学习、软件开发、UI/UX设计、产品管理等多个领域的专业知识与技能，这种协作不仅能够弥补单一领域知识的空白，还能促进创新和提升解决问题的效率，影响跨职能团队协作的关键因素如表11-2所示。

表11-2 跨职能团队协作的关键因素

因素	说明
团队结构与角色清晰	明确每个团队成员的角色与职责，避免重复劳动与资源浪费
高效的沟通机制	定期组织会议，确保团队成员了解其他小组的进展与需求
透明的信息共享	使用文档管理系统与协作工具，确保信息共享及时且全面
敏捷开发与迭代反馈	通过短周期迭代与频繁反馈，确保项目方向与进度的快速调整

（1）跨职能协作的重要性

AI大模型开发通常涉及复杂的技术堆栈，且各个模块之间需要紧密配合。例如，算法团队设计出一个模型后，数据团队需要提供合适的训练数据，开发团队则需要将其转化为可在生产环境中运行的应用。此外，产品经理与UI/UX设计师需要根据客户的需求，确保开发出的模型能够真正满足市场的要求，没有良好的跨职能团队协作，单个小组往往很难理解其他小组的工作内容与挑战，最终导致开发进程的拖延与技术问题的积压。

为了加强跨职能团队的协作，项目经理需要设计一个有效的沟通机制。例如，定期组织跨职能的协调会议，使不同团队的成员能够相互了解进展、交流技术难点，及时解决工作中的问题。此外，还可以采用协作工具（如Slack、

Trello、JIRA 等）来促进信息流通和任务跟踪，确保团队成员之间的信息是透明且实时的。

（2）沟通与信息共享

跨职能团队的协作离不开高效的沟通和信息共享。在 AI 项目中，不同团队的成员有着不同的专业语言和思维方式，因此，团队需要设立统一的沟通平台，并确保信息能够顺畅流动。在项目初期，项目经理可以组织跨职能团队的“Kick-off”会议，明确项目的目标、期望和责任分配，帮助团队成员理解整体架构和每个人的具体任务。

此外，透明的文档管理系统也是跨职能团队协作不可或缺的一部分。技术文档、设计方案、进展报告等应当及时共享，确保每个团队成员能够随时了解其他团队的工作内容，对于 AI 大模型开发来说，技术文档尤为重要，它能够帮助团队成员对齐技术方案，并确保后续的开发过程能够顺利衔接。

（3）敏捷实践与跨职能协作

在跨职能团队的协作中，敏捷开发方法也能够发挥重要作用。通过短周期的迭代与定期的回顾会议，敏捷开发能够促进团队之间的紧密合作和快速反馈，在敏捷实践中，团队成员无需等到项目完工才能发现问题，而是通过不断的验证与反馈调整开发方向。敏捷开发提供了灵活的工作方式，能够有效应对 AI 大模型开发过程中常见的需求变化和技术挑战。

（4）跨职能团队的创新与协同

AI 大模型开发往往依赖于多学科的融合与创新。跨职能团队不仅能够从不同的角度提出解决方案，还能够将不同领域的最佳实践融合在一起，例如，数据科学家与算法专家合作，能够根据数据的特点优化算法，而 UI/UX 设计师则可以从用户体验的角度提供优化建议，确保模型在实际应用中的有效性和易用性。跨职能的多元化思维为创新提供了沃土，使得 AI 项目能够在多个层面达到技术和商业的双重成功。

AI 大模型开发项目的成功离不开高效的团队协作，合理的团队组织与角色分配能够确保各项任务的高效执行，而跨职能团队的紧密合作则能打破专业壁垒，推动项目进展。在这一过程中，沟通、信息共享与敏捷实践是促进团队协作的关键因素，通过有效的团队管理和协作方法，AI 项目能够快速响应变化、高效解决问题，并最终实现预定的技术和商业目标。

11.3 开发工具选择

在 AI 大模型的开发过程中，合适的开发工具和技术对于提升开发效率、保证系统稳定性和可扩展性至关重要。从数据处理、算法开发、模型训练到最终的系统部署，整个过程涵盖了大量的技术环节，每个环节都依赖于不同的开发环境和工具链的支持，选择合适的开发工具和持续集成 / 持续部署（CI/CD）工具，可以有效简化开发流程，提高代码质量，并确保项目的高效交付。

11.3.1 开发环境与工具链

AI 大模型的开发往往需要复杂的计算资源和多种开发工具的支持，开发环境和工具链不仅要满足性能要求，还应具备良好的扩展性和兼容性。下面将详细介绍一些常见的开发环境和工具链，帮助团队选择最合适的开发工具。

（1）开发环境

AI 大模型的开发通常依赖于强大的计算能力，特别是在训练大型深度学习模型时，为了支持这些需求，开发环境通常会选择云计算平台或高性能本地集群。

云计算平台：云平台（如 AWS、Google Cloud 和 Microsoft Azure）提供了丰富的计算资源和灵活的服务，支持 GPU 加速、分布式计算以及数据存储等需求，开发者可以根据需要选择相应的实例类型，以应对训练 AI 大模型时对计算能力的需求。

本地集群：一些公司或团队可能会选择搭建本地集群，这通常需要投资高性能的计算设备（如 NVIDIA 的 A100 或 V100 GPU）和配套的计算环境。虽然本地集群需要较高的初期投资和运维成本，但它能够提供对硬件和环境的高度控制，适合一些特殊需求的项目。

（2）开发工具链

在 AI 大模型开发的过程中，工具链的选择至关重要，工具链包括了从数据处理到模型开发再到系统部署的整个过程。一些常用的开发工具与其特点如表 11-3 所示。

表 11-3 常用开发工具与其特点

工具 / 平台	类型	主要特点
TensorFlow	深度学习框架	强大的分布式训练支持，适合大规模模型的训练与部署，丰富的 API 支持
PyTorch	深度学习框架	灵活的动态图机制，适合研究与原型开发，广泛用于学术界
Keras	高层 API 框架	简单易用，适合快速构建原型，支持 TensorFlow 和 Theano 作为后端
Jupyter Notebook	开发环境	交互式开发，支持数据分析与可视化，广泛用于实验和调试
Docker	容器化平台	容器化应用，确保开发环境一致性，简化部署与运维
Git	版本控制工具	高效的代码管理与协作，支持分支与并行开发，代码历史跟踪

TensorFlow：TensorFlow 是一个广泛使用的开源机器学习框架，特别适用于深度学习模型的构建与训练。TensorFlow 的优点在于其强大的分布式训练功能、丰富的 API 以及良好的社区支持，它还提供了 TensorFlow Serving，便于在生产环境中部署 AI 模型。

PyTorch：PyTorch 是另一个流行的深度学习框架，其灵活性和易用性是其主要特点。PyTorch 的动态图机制使得开发者能够方便地调试和修改模型结构，因此特别适合于研究和实验性项目，PyTorch 在学术界的应用广泛，也得到越来越多企业的青睐。

Keras：Keras 是一个高层 API，基于 TensorFlow 或者 Theano 等底层框架构建，提供了简单易用的接口，适用于快速构建和训练深度学习模型。对于一些较为简单的任务，Keras 可以帮助开发者迅速实现原型并进行实验。

Jupyter Notebook：Jupyter Notebook 是数据科学家和 AI 工程师常用的交互式开发环境，适合进行数据探索、可视化分析和模型训练等任务。Jupyter 的灵活性和可视化功能使得它成为 AI 开发中不可或缺的工具。

Docker：Docker 是一款开源的容器化平台，能够帮助开发者创建、测试和部署应用程序。AI 大模型的开发涉及多个依赖包和复杂的环境配置，Docker 可以通过容器化的方式确保开发、测试和生产环境的一致性，大大简化了部署过程。

Git：Git 作为版本控制工具，不仅能够管理代码的版本，还能帮助团队进行协作开发。Git 支持分支管理，可以有效避免代码冲突，并且能够追踪代码历史和更改记录，确保团队协作的高效性。

11.3.2 持续集成与持续部署工具

随着 AI 大模型项目的规模逐渐扩大，代码的更新和版本控制变得越来越复杂，为了提高开发效率、保障代码质量，并确保 AI 系统能够快速、稳定地部署到生产环境，持续集成（CI）和持续部署（CD）工具显得尤为重要。CI/CD 是现代软件开发中不可或缺的一部分，通过自动化测试、构建、部署和反馈机制，CI/CD 可以帮助开发团队减少手动操作，提高代码交付的速度与质量，一些常用的 CI/CD 工具及其特点如表 11-4 所示。

表 11-4 常用 CI/CD 工具及其特点

工具	类型	主要特点
Jenkins	持续集成工具	开源，插件丰富，支持分布式构建与自动化部署
GitLab CI	持续集成工具	集成在 GitLab 中，支持自动化构建、测试与部署，适合 GitLab 用户
Circle CI	持续集成工具	高效的并行任务处理，支持大规模构建任务，云托管与本地托管服务
Kubernetes	持续部署工具	支持容器化应用的自动部署与管理，适合大规模 AI 系统部署与管理
Docker Compose	持续部署工具	简化多容器应用的管理与部署，支持自动化服务管理
AWS CodePipeline	持续部署工具	AWS 原生 CI/CD 工具，支持自动化构建与部署，集成 AWS 其他服务

（1）持续集成（CI）

持续集成是指将代码频繁地集成到主干分支（如 Git 的 master 分支），每次提交代码后，系统会自动运行一系列的测试、构建和集成流程，通过持续集成，开发团队可以确保每次提交的代码都能与其他代码顺利集成，并且不会破坏现有的功能。常用的持续集成工具包括：

Jenkins：Jenkins 是一款开源的自动化服务器，支持构建、测试、部署等多个环节。Jenkins 有丰富的插件生态，能够与多种工具和平台集成，灵活性非常高，Jenkins 还支持分布式构建，可以在多个节点上并行执行任务。

GitLab CI：GitLab CI 是 GitLab 提供的持续集成工具，内置于 GitLab 平台中，支持代码的自动构建、测试与部署，GitLab CI 的优势在于它提供了一整套的开发、协作、CI/CD 管道工具，非常适合与 GitLab 结合使用。

CircleCI：CircleCI 是一个现代化的持续集成平台，提供云托管与本地托管服务。CircleCI 支持高并发任务的执行，能够高效处理大规模的并行构建任务，对于 AI 大模型开发中经常出现的复杂构建任务具有较强的处理能力。

（2）持续部署（CD）

持续部署是持续集成的延伸，指的是代码集成到主分支后，能够自动化地部署到生产环境，CD 能够确保每次提交的代码都能及时上线，并且在遇到问题时，能够快速回滚到稳定版本。常用的持续部署工具包括：

Kubernetes：Kubernetes 是一个开源的容器编排平台，能够自动化地部署、扩展和管理容器化应用，Kubernetes 特别适合在云环境中进行大规模的 AI 大模型部署，它支持弹性扩展和负载均衡，能够保证生产环境的稳定性与高可用性。

Docker Compose：Docker Compose 是 Docker 的一个工具，用于定义和管理多容器应用，它能够帮助开发团队更便捷地部署复杂的 AI 系统，支持自动化部署与服务管理。

AWS CodePipeline：AWS CodePipeline 是 Amazon Web Services（AWS）提供的一项 CI/CD 服务，支持自动化构建、测试、部署流程，AWS CodePipeline 能够与 AWS 的其他服务（如 S3、EC2、Lambda 等）集成，帮助开发团队实现端到端的自动化交付。

在选择开发工具和 CI/CD 工具时，开发团队需要根据项目的规模、需求以及开发周期来做出合理的选择，AI 大模型的开发涉及多个环节，从数据处理、模型训练到部署和运维，各种工具和平台的选择将影响到开发的效率、质量和稳定性。因此，合理选择开发环境和工具链，并采用合适的持续集成和持续部署工具，将大大提升 AI 大模型项目的开发效率和交付质量。

开发工具和 CI/CD 工具在 AI 大模型的开发中扮演着至关重要的角色，通过选择合适的开发环境、工具链以及持续集成 / 持续部署工具，开发团队能够在保证系统性能和稳定性的前提下，提高开发效率，缩短项目周期，并确保项目顺利交付。合理的工具选择不仅能支持高效的模型训练与优化，还能保障 AI 系统的顺利部署和运维，确保系统在生产环境中的高可用性和可扩展性。

结论

随着人工智能技术的飞速发展，AI 大模型在多个领域的应用逐渐渗透，并取得了显著的成果。从语言处理、计算机视觉到自动驾驶、智能医疗等，AI 大模型的影响力正在迅速扩展，然而，AI 大模型的开发和应用仍面临诸多挑战，包括计算资源的需求、数据隐私问题、模型的可解释性等问题。因此，本节对 AI 大模型的应用开发实践进行深入的探讨，并总结一些关键的实践经验和未来趋势。

1. AI 大模型的未来发展趋势

AI 大模型的未来发展将呈现出更加多样化和智能化的趋势，随着技术的不断进步，AI 大模型在多个层面的发展方向将更加明确，以下是几个关键趋势：

（1）模型规模与能力的进一步提升

目前，AI 大模型的规模已经突破了数十亿、甚至数百亿参数，然而随着硬件技术和算法的不断进步，模型的规模有可能进一步扩大。未来，深度神经网络和生成模型将能够处理更为复杂和多样的数据类型，进一步提升模型的推理和生成能力，这意味着 AI 大模型不仅能在传统任务（如自然语言处理和图像识别）上提供更强的性能，还将有能力处理更为复杂的多模态数据，进行跨领域的任务协同。

（2）自监督学习的广泛应用

自监督学习（Self-supervised Learning）是一种无需大量标签数据即可训练模型的方法，随着大量未标注数据的积累，自监督学习将成为训练 AI 大模型的关键技术，它不仅能够有效提升模型的泛化能力，还能够减少对昂贵的标注数据的依赖。因此，未来的AI大模型将更加依赖自监督学习方法，在多种任务中展现出强大的能力。

（3）AI与边缘计算的结合

随着5G和边缘计算技术的普及，AI大模型的应用场景将不再局限于传统的数据中心或云平台。未来，AI模型可能会部署到边缘设备上进行实时推理，以减少延迟、提高响应速度并减少对带宽的依赖，边缘AI的发展将推动更加智能的设备和系统，推动从智能家居、无人驾驶到智能制造等各个领域的创新。

（4）多模态模型的融合与创新

当前的AI大模型主要侧重于单一模态的数据处理，如文本、图像或语音，但随着技术的发展，未来的AI大模型将能够处理多模态数据。这意味着，未来的AI系统能够同时理解图像、文本、声音等信息，进行跨模态的推理和决策，从而推动更加智能的应用场景，例如图像生成的AI模型可能会同时理解图像的语义和情感，进行更加精准的内容生成。

（5）AI伦理与监管的进一步强化

随着AI技术在社会生活中扮演着越来越重要的角色，AI伦理问题和技术监管将成为未来发展的关键议题。未来，AI大模型的开发将不仅仅关注技术本身，还将更加注重道德规范、数据隐私保护和法律合规性，如何在确保技术发展的同时，保证AI系统的公平性、透明度和可解释性，将是一个亟待解决的问题。

2. 应用与技术的持续创新

AI大模型不仅在学术研究中取得了重要突破，还在各行各业中得到了广泛应用。随着技术的持续创新，AI大模型将在更多领域中发挥更大的作用，并为各类应用场景带来革命性的变革。

（1）跨行业的应用普及

随着AI大模型的不断优化和推广，各行业的应用将进一步扩大。从智能客服、精准医疗到智能制造、金融风控，AI大模型正在为各行各业带来创新性解决方案，例如在医疗健康领域，AI大模型不仅能够辅助医生进行精准诊断，还能够在大规模的临床数据中发现潜在的疾病模式；在金融领域，AI 大模型则通过对海量金融数据的分析，帮助金融机构实现智能化投资决策和风险管理。

（2）智能化服务的提升

随着 AI 大模型能力的不断提升，智能化服务的水平也在不断提高。例如，语音助手和聊天机器人将变得更加智能，能够更精准地理解用户意图并提供个性化的服务；智能家居设备将通过深度学习技术自动适应用户的生活习惯，提供更加便捷和高效的智能化体验。

（3）技术迭代加速

在 AI 大模型领域，技术更新迭代的速度非常快，从最初的神经网络到当前的 Transformer 架构，技术的迭代推动了模型性能的飞跃。未来，我们可能会看到新的算法架构和训练方法的出现，从而进一步提升 AI 大模型的能力，这些技术创新将推动更多实际应用的落地，也为跨学科的研究提供了新的方向。

（4）合作与开源的推动

AI 大模型的持续创新也离不开行业间的合作与开源社区的推动。近年来，越来越多的 AI 技术和模型开始开放源代码，这使得开发者和研究者能够更加方便地访问先进的技术，进行改进和创新。未来，随着全球各地研究机构和企业的紧密合作，AI 技术的进步将变得更加迅速和透明，推动 AI 大模型应用的普及。

3. 最佳实践与持续学习

AI 大模型的开发是一项复杂且持续演化的任务，任何一个成功的 AI 项目都离不开最佳实践的积累和持续学习的过程。随着 AI 技术的迅速发展和行业需求的不断变化，团队需要不断更新知识，吸收新的理念和方法，才能在竞争激烈的市场中保持领先地位。

（1）最佳实践的积累与应用

在 AI 大模型开发的过程中，最佳实践不仅仅是技术性的总结，更是一个综合的管理与协作经验的结晶。例如数据管理、算法优化、模型部署等方面的经验能够为团队提供有效的指导，团队需要根据项目的实际需求，积累适合自身的开发流程和操作规范，从而提高工作效率和质量。

（2）持续学习和技能更新

由于AI技术的快速发展，团队成员需要不断更新自己的技能，以跟上技术发展的步伐。学习新的算法、工具和框架，以及不断改进现有的开发方法，都是AI团队持续创新和优化的关键，此外，跨学科的知识融合也变得越来越重要，AI工程师需要理解业务领域的需求，数据科学家需要掌握最新的机器学习理论，才能更好地推动项目进展。

（3）文化和心态的建设

在技术不断创新的同时，团队成员的文化建设和心态调整也尤为重要。AI大模型的开发需要长期投入和持续的创新思维，团队成员需要具备灵活应变的能力，并能够应对开发过程中可能遇到的各种困难和挑战。因此，团队领导者需要营造一个积极向上、鼓励创新的工作氛围，以便团队能够保持高效的工作节奏。

随着AI技术的快速发展，AI大模型的应用和技术创新将持续改变各行各业的面貌，从推动智能化服务到促进跨行业的融合，AI大模型在提升效率、优化决策和推动社会进步方面发挥着越来越重要的作用。未来，AI大模型将继续朝着更大规模、更高效能和更智能化的方向发展，同时，技术创新、行业应用和最佳实践的积累将推动AI技术进入更广泛的应用场景。面对这些变化，团队需要持续学习、不断创新，并保持对新技术的敏感性，以确保在AI大模型的应用开发中取得成功。

附录：工具与术语解释

（1）深度学习框架与模型

TensorFlow：Google 开发的深度学习框架，支持分布式训练、TensorBoard 可视化、TensorFlow Serving 和 Lite 部署。

PyTorch：Meta 开发的深度学习框架，采用动态图，灵活适合研究与原型。

Keras：高层 API，支持 TensorFlow 等后端，适合快速构建原型。

Transformer：基于自注意力机制的神经网络架构，BERT、GPT 等的基础。

GPT：生成式预训练模型，擅长对话与文本生成。

BERT：编码器结构预训练模型，擅长文本理解。

T5：Google 提出的“文本到文本”统一框架，多任务学习代表。

CNN（卷积神经网络）：计算机视觉核心模型。

RNN/LSTM：循环神经网络及其变体，常用于序列建模。

GAN：生成对抗网络，用于图像生成与风格迁移。

ResNet：残差网络，解决深度网络梯度消失问题。

（2）开发工具与环境

Jupyter Notebook：交互式开发环境，适合实验与可视化。

Docker：容器化平台，确保环境一致性。

Kubernetes：容器编排工具，支持大规模部署与弹性伸缩。

Git：版本控制工具，支持团队协作与代码历史追踪。

Flask：Python 轻量级 Web 框架，用于构建 API 服务。

Django：功能完整的 Python Web 框架，用于大规模应用。

HTML/CSS/JavaScript：前端开发基础技术。

React.js/Vue.js：主流前端框架，支持响应式 UI 开发。

（3）数据与存储

SQLite：轻量级数据库，适合小型应用与原型。

MongoDB：NoSQL 数据库，支持结构化和非结构化数据。

Redis：内存数据库，用于缓存和加速。

Amazon S3/ 阿里云 OSS：分布式对象存储系统。

Pandas：Python 数据分析库，适合清洗与处理结构化数据。

Scikit-learn：常用机器学习库，含分类、回归、聚类算法。

（4）云计算与平台

AWS：提供 EC2、SageMaker、S3 等服务。

Google Cloud：支持 TPU、BigQuery、AutoML 等。

Azure：提供 Azure ML 工作室和认知服务。

本地集群：基于 NVIDIA GPU（如 A100/V100）的计算集群。

（5）模型优化与部署

CI/CD（持续集成 / 持续部署）：自动化开发与上线流程。

AWS CodePipeline：CI/CD 自动化工具。

Docker Compose：多容器应用管理工具。

模型蒸馏（Model Distillation）：用小模型学习大模型知识以压缩加速。

迁移学习（Transfer Learning）：将预训练模型迁移到新任务中。

Fine-tuning（微调）：在下游任务上继续训练预训练模型。

（6）关键技术与术语

TPU（Tensor Processing Unit）：Google 自研加速器，优化深度学习计算。

GPU（Graphics Processing Unit）：图形处理器，深度学习主要算力来源。

TF-IDF：衡量词语重要性的文本向量化方法。

jieba：中文分词工具。

LIME/SHAP：模型可解释性工具。

协同过滤（Collaborative Filtering）：推荐系统主流方法。

边缘计算（Edge Computing）：在数据源端进行计算，减少延迟。

自动驾驶感知模块：识别道路、车辆、行人等环境元素。